ちくま新書

平和のための戦争論

――集団的自衛権は何をもたらすのか

植木千可子
Ueki Chikako

まえがき

2014年7月、安倍晋三内閣が集団的自衛権の行使を容認する閣議決定をしました。平和憲法の下、戦後69年間、安全保障政策を自ら抑制してきた日本は、変化に向けて、一歩踏み出したことになります。これまで、日本が戦争するのは、日本が直接攻撃された場合に限られていました。つまり、日本人の命が奪われた時にだけ反撃するということです。これには、あまり異論の余地はありません。すでに日本が攻撃を受けているのですから、反撃しなければやられてしまいます。端的に言えば、これまでは、日本人が国家の意思として外国人を殺すのは、日本人が殺された時だけでした。

限定的にでもこの基準を緩和するということは、さまざまな選択を強いられるということを意味します。敵も味方も選ぶことになります。これまでは、仕掛けられた戦争を戦うというしくみでしたが、これからは、選んだ戦争を戦うことになります。

どの戦争には介入しなければ、日本の安全と世界の安全を守れないのでしょうか？　どの戦争は、放っておいても日本に影響がないのでしょうか？　誰の命ならば救うのに値するのでしょうか？　誰の命は殺す必要があるのでしょうか？

読者の皆さんは、日本がこれまでの憲法解釈を変えて、他国の戦争にも介入できる、「普通の国」に近づくことにどんな感想を持っているでしょうか。なんとなく不安に思いながらも、中国の台頭など世界に起きている状況を見ると、仕方がないのかなあ、と思っている方も多いのではないでしょうか。

安全保障の専門家の中には、どうせ一般の人は安全保障のことがよくわかっていない、という考えの人もいます。「反対！　と叫ぶばかりで、日本の置かれた状況を理解していない平和ボケした国民が多いので、専門家だけで決めてしまおう。その方が日本のためだ」という議論です。たしかに、安全保障はわかりにくく、軍事的な知識に触れる機会も戦後の日本では少ないのは事実です。安全保障の情報は国家機密も多く、私たちには知らされないこともあります。同じ国の政策でも、安全保障以外の年金や医療、教育や道路建設などの政策については、十分かどうかについて私たち国民の側にもある程度の実感があり、それぞれの意見があると思います。ところが、防衛費約4兆8000億円については足りているのか足りないのかの判断は容易ではありません。戦争についても、同じようにわかりにくいかもしれません。

では、誰が決めるのでしょうか。一部の専門家でしょうか。政府でしょうか。日本の協力を強く要請するアメリカでしょうか。あるいは、近い将来、世界一の経済大国になる中国でしょうか。

どの戦争に参加するのか？　どの戦争には介入しないのか？

安全保障には、誤認がつきもので、間違った判断も多くあります。2003年にアメリカはイラクとの戦争を開始しましたが、戦争の目的だった核兵器は見つからず、数カ月で終わると予想された戦いは8年以上も続きました。どうせ間違えるのならば、関わらない方がよい、というのも1つの判断です。ただし、日本は世界の片隅で静かに生きるにはあまりにも大きな存在で、関わりたくないと願っても、世界各地の紛争はいやでも私たちの生活に影響を及ぼします。

戦争は、突然には起こりません。必ず前兆があり、原因があります。多くの場合は、互いに譲れない何かをめぐって争いがあり、話し合いでは解決できないところまで来て、戦争になります。そこに至るまでに何をするかが大事です。どうやって戦争を防ぐかを真剣に考えていかなくてはなりません。

大切なのは、腑に落ちない疑問をそのままにしないことです。各人が抱く疑問について議論することによって、正解に近づけるのだと思います。これから先、日本が、そして世界が、平和をどうやって守っていけばいいのでしょうか。過去の戦争を参考にしながら、本書を通して、読者と一緒に考えたいと思います。

70年前に終わった戦争を始めたときには、一般の日本人には、戦争を選ぶ権利も力もありませんでした。今の私たちは、豊かで平和な日本に住み、選挙権があり、発言する自由があります。また同時に、責任もあります。こんど、もし、日本が戦争をすることになれば、それは、国民主権になって初めての、国民が選ぶ戦争です。

次の戦争をするかしないか。それを決めるのは、私たちです。

この本が、その決定をする際に少しでも役に立てば幸いです。そして、その判断をする必要がない、平和な日々が続くことを願っています。

2015年1月

平和のための戦争論——集団的自衛権は何をもたらすのか？【目次】

序章　日本人は戦争を選ぶのか？

†準備はできているか？

　2014年7月1日の閣議決定に従って法律改正が進めば、日本は、他国の戦争にも参加できるようになる。これまでは、攻撃されて初めて反撃する専守防衛政策をとってきたが、集団的自衛権を行使すれば、日本が攻撃されていなくても戦争に加わることになる。また、紛争が起きれば、参戦するのか、しないのかの判断をすることになる。「普通の国」に一歩近づく日本に求められることは、可能な限り誤った判断をしないことだ。私たちにその準備はできているだろうか？

†平和主義か孤立主義か

自国が攻撃されない限り武力を行使しないという姿勢はたしかに平和的であり、武力行使のハードルを高く設定するものだ。しかし、それは同時に日本人の命は大事だけれども、他の国の人の命は大事ではないという判断にも繋がる。世界のどこかで、かつてのユダヤ人迫害のような虐殺や甚だしい人権侵害があり、多くの人命が奪われているときでも、日本は戦わない。日本の安全保障政策は、平和主義と言われるが、むしろ孤立主義であり、利己主義の一面を持っている。

日本国内の懸念に反して、集団的自衛権の行使容認は、諸外国からは、日本が国際主義に転換する一歩だと歓迎されている。オーストラリアで会った安全保障の専門家らは一様に拡大した日本の役割に期待していた。

しかし、日本政府の説明は、「集団的自衛権を行使しないと日本人を守れなくなる恐れがある」というもので、孤立主義の枠を出ていない。私たち日本人の多くは、自分たちが国際主義に転換したのだという意識はないだろう。国際的な認識とのズレは大きい。そして、このズレは日本人が考えている以上に、諸外国から今後防衛協力の要請がある可能性を意味している。

†日本の行方への関心――安全保障担当者らとの交流

筆者は、防衛省で研究者として働いていた当時も、大学に転じてからも、アメリカや中国の安全保障専門家や軍人と接する機会が多い。外国の専門家たちは日本の動向に注目している。「日本は何を考えているのか、これからどのような安全保障政策を取るのか、そしてどのような地域、世界を作ろうと考えているのか？」幾度となく聞かれる質問だ。この関心は、日本が国際安全保障で潜在的に重要な国であることの証しだ。日本の行動次第で世界が変わる可能性があることを意味している。

１９９０年代初め、日本は恐れられる存在でもあった。２０１２年に会ったアメリカ国防省の長期戦略の担当者らは、当時を振り返って「冷戦後、なぜ、日本はもっと軍事技術革新に力を入れ、アメリカに挑戦してこなかったのだろうか」と不思議そうだった。アメリカにとっても、中国にとっても、日本は常にあなどれない存在だった。それは同盟国であろうがなかろうが関係なく、日本が大きな国だからだ。

†「日本には選択肢がない」

しかし、日本の存在感は、この10年ほどの間にずいぶん低下した。2007年頃からアメリカの安全保障の専門家らと会うと、「日本はアメリカにくっついてやって行く以外に選択肢がないじゃないか」と諭されることが多くなった。「日本は経済的に停滞し、人口が減り続け、中国とも韓国とも仲良くできない。アメリカと一緒にやっていくしか道はない」という主張だった。

今でも思い出すことがある。日米豪印の専門家が集まったある会合でのこと。2008年の大統領選の前にオバマ、クリントン、マケイン、各陣営と安全保障戦略の擦り合わせをしている時だ。その時のアメリカの参加者の発言だ。

「インドと安全保障協力を進めようと思うと、失恋続きだった自分の大学生時代を思い出す。なかなか振り向いてくれない。日本をデートに誘うのは簡単なんだけれど」

どうも、日本はあまり尊重されていないようだ。また、日本には自分の国や東アジア地域全体の安定について主体的に考え行動する能力がないのではないか、という見限りに似たものも存在する。

これらの専門家らは、異口同音に日本が集団的自衛権を行使することを要求する。もちろん「決めるのは日本自身だが」と付け加えることは忘れない。彼らに共通しているのは、アジアが次なる世界の中心になるだろうという認識とアメリカのアジア戦略にとって日本が重要な役割を担うことは可能であり、また担うべきだという考えだ。この考え方は、ナイ元国防次官補（Joseph Nye, Jr.）とアーミテージ元国務副長官（Richard Armitage）らが２００７年と12年に発表した日米同盟に関する「アーミテージ・ナイ・レポート」（The U.S.-Japan Alliance: Getting Asia Right through 2020 及び Anchoring Stability in Asia）にも表れている。

†日本への警戒感

２０１２年頃から、感じるのは、これまでとは違う日本への警戒感だ。それは、日本が問題を引き起こすのではないか、という心配だ。アメリカのアジア回帰が日本を勇気づけすぎて、中国や韓国に対して強硬姿勢を取っているのではないか、という懸念も聞く。２０１４年秋、日米ガイドラインの見直しのために来日したアメリカ国務省の高官は、「アメリカは中国を封じ込めようと思っているわけではない」となんどもなんども繰り返し念を押した。日本の紛争に巻き込まれることを警戒しているのだ。アメリカの青写真では日本は韓国とともにアメリカの地域戦略を支える重要な駒だ。パートナーに育ってほしいとも思っている。しかし、地域を任せるパートナーではなく、アメリカが面倒を看て管理しなければならない対象だと思っているようだ。であるがゆえに、「韓国と仲良くしてくれ」と日米韓首脳会議を催し、「日中で危機管理について話し合ってくれ」と日本政府に促す。

写真1　オバマ大統領が見守る中、握手する安倍首相と朴韓国大統領（©EPA＝時事）

†揺れるアメリカの戦略

これからの世界の安全を考える時、明確な答えを持っている国は少ない。アメリカも中国も模索している。

アメリカの安全保障専門家の間では、外交戦略について議論が二分している。「世界各地の問題にもっと積極的に関与していくべきだ」という積極戦略と、「徐々に撤退してアメリカの重要な国益だけを守るべきだ」という抑制戦略である。雑誌『フォーリン・アフェアーズ』の2013年1・2月号には「前のめりになれ（Lean Forward）」という論文と「引き戻せ（Pull Back）」という2つの論文が掲載された。アメリカは、今後もこの2つの戦略の間で揺れ動くだろう。アフガニスタン、イラクの戦いで厭戦気分が蔓延している世論と財政負担は抑制戦略への支持を増やす。中東情勢不安やイスラム国（イラク・レバントのイスラム国：ISILあるいはISIS）などの非国家過激派組織による脅威は、積極戦略を促す。オバマ大統領に対しては、「弱腰」「人の後ろからリードしている（Leading from behind）」という批判がある。強いアメリカを取り戻したい、という欲求も強い。しかし、問題はアメリカが積極戦略を維持できるかどうか、ということだ。

アメリカの安全保障専門家らに、アメリカの力が相対的に低下しても安全を守る仕組みを作らないといけない、という話をすると、多くが「アメリカはけっして衰退なんかしていない！」とムキになって反論する。長期的に見れば、アメリカが競争力を取り戻す可能性はある。中国や新興国が高齢化社会を迎えるのに対し、移民が多いアメリカの人口構成は若年層の比率が高いからだ。しかし、中期的には、アメリカの力が相対的に落ちて行くことは、ほぼ確実な予測だ。

†中国も手詰まり

中国は、近いうちに世界最大の経済大国になることが予想される。しかし、中国もその将来戦略については答えが出ていない。アメリカが主導する国際システムの中で成長し続けることを選ぶのか、別のシステムを作りそのリーダーになるのか。中国は、外へ向けての急速な発展と進出とはうらはらに国内には問題が山積している。政治腐敗、所得格差や地域間格差、農業問題などだ。外交戦略については、江沢民総書記の頃までは、良い米中関係を維持する事が外交の最優先課題だった。胡錦濤政権でも大筋では変わらない。しかし習近平政権においては、米中関係を重視しながらも、アメリカが主導する現在の国際的な仕組みにしばしば不満を露わにしている。世界銀行（World Bank）や日米が最大出資国であるアジア開発銀行（ＡＤＢ：Asian Development Bank）に対抗する形で、新開発銀行（New Development Bank　ＢＲＩＣＳ開発銀行とも）やアジアインフラ投資銀行（ＡＩＩＢ：Asian Infrastructure Investment Bank）の設立もその不満の末の代替案だ。

中国はアジアのリーダーになる道を模索する一方で、日米が他のアジア諸国と一緒に張り巡らす包囲網を制約だと感じている。日米の影響が強いアジアではリーダーになることが難しいので、まず、中東、中央アジアなど、東アジア以外に進出して力をつけるべきだ、という議論もある。東に進んで、日米とぶつかるのを避けて西へ行くべきだという「西進」の提唱だ。西進戦略は、日米との関係改善への「諦め」とも受けとれる。とくにその提唱者の1人である北京大学の王緝思教授は、江沢民以降の指導者らのブレインで、これまで日米との協調を推進してきた学者であるだけに、その転換の意味するところは大きい。諦めであるならば、日本にとってもアジアにとっても好ましくない。現在の国際システムの中にあって、中国が建設的な行動をとらないと、世界全体に悪影響を及ぼすからだ。

†海図なき航海

ここ数年、いくつかの安全保障戦略のプロジェクトに参加した。参加国の組み合わせは様々だ。日米で地域戦略を描くプロジェクト、日米中の信頼醸成、日中の安全保障プロジェクト、日本とASEANの戦略策定、日豪米韓比の戦略研究。

共通しているのは、誰もがアジアの重要性を認識しながら、有効な将来戦略を描けないことだ。これから世界が経験することは、未知の部分も多い。強く、速く、大きく、と発展してきた世界のあり方や仕組みにキシミが生じている。また、これまで世界を牽引してきた先進諸国が疲弊してきている。これから世界は、海図なき航海に、出帆することとなる。

†なぜ戦争論なのか

それでは、なぜ平和のために戦争について知る必要があるのだろうか。それは、戦争がどうして起きるのかを知ることが、戦争を防ぐヒントになるからだ。そしてそれが安全保障を考えることにつながる。安全保障を考える目的には2つある。1つは、脅威を特定し対処法を考えること。どの国が自分の国と国際社会にとって脅威となるのか。その脅威を現実のものにしないためにはどのような方法を用いれば良いのか、に答えを出すことだ。もう1つは、自国が脅威とならないようにチェックすることだ。

自国が脅威になるというのは、何もアメリカや日本が他国を意図的に侵略することだけを意味するのではない。安全保障の世界においては、善意に基づいて取った行動が、その意図に反して結果的に安全を損ねることがある。一方的に目的を追求するあまり、その反作用が見えなくなることがある。それを防ぐことが、私たち国民に課せられた責任でもある。安全保障を考える目的は、ややもすると1つめの目的に注目しがちだ。だが、2つめの目的は同じほど大切だ。

†日本が選ぶ道

大きな転換期にさしかかっている日本が選ぶ道は、地域と世界に大きな影響を及ぼす。2014年7月の集団的自衛権を容認する閣議決定以来、憲法との整合性や手続きに関する議論がさかんになり、その関連の多くの良書が出版されている。本書は、日本の政策転換によって、日本の安全と地域の安定、世界の平和がどのように変化するのかに焦点を当てて考えてみたい。「日本を取り巻く安全保障環境は厳しい」という議論をよく聞く。最大の国難、と表現する人もいる。だが、はたして本当にそうなのだろうか？　集団的自衛権やグレーゾーン事態への対応で、日本の安全保障環境は改善するのだろうか？　日本は国際主義に転じる用意ができているか？　平和を守るために軍事力を行使する判断ができるか？　さらには、自由や人権といった価値を守るために人を殺せるか？　安全保障政策の転換は、判断を誤れば、日本の安全を損ね、地域の安定を乱し、世界の平和を危うくさせる危険を孕んでいる。私たち国民に政府の判断、決定を厳しく正しくチェックしていく能力と関心はあるか？　さらには、アメリカやフランスが判断を誤った時に、止める能力と気概はあるか？

†戦争は防ぐことができる

世の中には、目を覆いたくなるような悲惨な事が少なくない。命が奪われることも多い。地震や津波、伝染病など、防ぐことが難しい災厄に見舞われることもある。しかし、戦争は、人間がみずからの意思で引き起こすことだ。人間が起こすものである以上、戦争を未然に防ぐことは可能なはずだ。戦争は防げるという信念と、不都合な現実からも目をそらさない冷徹な分析によって、平和の可能性は高くなるだろう。

日本がこれから先に進むに当たって、考えておかなくてはならないこと、注意しなくてはならないことについて、考えてみたい。

†本書の構成

本書の構成についてあらかじめ紹介しておく。

第1章では世界に起こっている変化について考える。世界の歴史の中で、私たちの時代はどんな時代なのか。どんな岐路にさしかかっているのか。これらの点を概観する。

第2章では、それらの変化が日本と東アジアに与える影響について見てみたい。日本を取り巻く安全保障環境はどうなるのか。なぜ、集団的自衛権の行使を容認する必要があるのだろうか。

第3章では、戦争はなぜ起きるのか、について考えたい。過去に生じた戦争を参考にして、どういう時に戦争が起こりやすいか、どういう原因が多いかについて考えてみる。とりわけ、人間が操作可能な原因について考えたい。つまり、人間の性《さが》は、おいそれとは変えられないが、仕組みを変えることによって戦争を防ぐことはできるかもしれないからだ。

第4章では、「抑止」について考えてみる。抑止は、戦争を防ぐ方法の1つだ。抑止の仕組みや、抑止が成功するための条件について考えたい。抑止は、最近、耳にすることが多くなった概念だが、実は、非常に複雑だ。この章では、尖閣諸島をめぐる紛争を抑止する場合に考えておかなくてはいけない点を検討したい。

第5章では、グレーゾーン事態について考えてみる。後述するが、日本政府が進めている日本の安全保障政策の変更は2つある。1つが集団的自衛権の行使で、もう1つが、小規模の紛争にどう対応するかという問題だ。平時でも戦争でもない状態なので、グレーゾーン事態と呼ばれている。つまり、どの時点で自衛隊を動員するか、という問題だ。

第6章では、安全保障のジレンマについて考える。国際政治の中で平和を保つ方法の1つに、勢力均衡がある。相手が強くなるのなら、こちらも強くなれば良い、というのが勢力均衡の考え方だ。この考え方に潜む落とし穴を探ってみたい。

第7章では、これまでの章で見てきた戦争と平和の仕組みを基に、戦争を起きにくくする方法について考えてみたい。

第8章は、結びの章だ。

第1章　世界に訪れる変化のうねり

†アメリカの時代の終焉?

今、世界には大きな変化の兆しが訪れている。第2次世界大戦後、トップに立って世界を引っ張って来たアメリカの力にかげりが見えているからだ。2001年9月11日の同時多発テロ（9・11）以降のアフガニスタン、イラクという2つの戦争によって、アメリカは財政が疲弊し、世論には厭戦ムードが漂っている。他方、アジアに目を転じてみれば、中国の経済成長が著しい。

第1次、第2次世界大戦当時の多極世界、冷戦時代の2極世界、冷戦後の単極世界――。20世紀以降、国際政治の構造はこのように遷移してきたが、いま、変化の兆しが見える。

今後、世界は再び2極（米中）に向かうのか？　多極に向かうのか？　それとも、どの国も他国の問題に無関心で介入しようとしない無極世界に向かうのだろうか？

†これまでの世界

第2次世界大戦後の世界秩序を作り、支えてきたのはアメリカだった。戦後、米国務長官を務めたディーン・アチソン（Dean Acheson）は、「創造のときに居た」と言った。神による天地創造になぞらえた表現に覇権国としてのアメリカの自負とおごりが感じられる。大戦が終わった時、ヨーロッパもアジアも戦禍にまみれ疲弊していた。その中にあって、アメリカは、国際通貨体制の安定を図り、経済援助と自国の市場を開くことによってヨーロッパ、アジア諸国の経済復興を促した。さらに、各国と同盟を結び、それらの国々の安全を保障してきた。ところが、2013年には、52%のアメリカ人が国際的な問題には関与せずに自国の問題に専念すべきだと考えている。1964年には、この数字はわずか20%だった。覇権国アメリカの力と意識に変化が生じている。

新しい世界秩序の形成は、第2次世界大戦中から始まっていた。1944年7月に連合国44カ国がアメリカのニューハンプシャー州ブレトンウッズにあるマウント・ワシントンン・ホテルに集まり、国際通貨体制について会議を開いた。山の中にある美しいホテルで、今でも多くの観光客が集まるリゾート地だ。国際通貨基金（ＩＭＦ）発足の協定に各国代表が署名したゴールド・ルームは、当時のまま保存されている。この時の会議で、金１オンス＝35ドルと定め、固定相場によりドルと金との交換が保証された。米ドルを基軸として各国の通貨の価値を固定相場制で決めた。同時に世界銀行（World Bank）も設立された。

写真2　ブレトンウッズ会議が開かれたマウント・ワシントン・ホテル（筆者撮影）

１９４０年代後半からソビエト社会主義共和国連邦（ソ連）を始めとする共産主義国（いわゆる東側諸国）との対立が顕著になって東西冷戦が始まると、アメリカは北大西洋条約機構（ＮＡＴＯ：North Atlantic Treaty Organization）や日米同盟、米韓同盟を結んで西側諸国に安全を提供した。１９７２年以降は中国との関係も改善し、準同盟（quasi-alliance）と呼ばれるまでになり、ソ連という共通の敵に対抗するために軍事的にも協力した。

１９８９年に冷戦が終わってからも、基本的にアメリカのリーダーとしての地位は変わらなかった。この時期のアメリカは、冷戦時代の同盟を維持しつつ、単独でも軍事行動できる能力を保有していた。NATOはポーランド、ハンガリー、ルーマニアなどを新しく加え東方に拡大し、日米同盟は防衛協力を日本周辺にまで拡大した。

†アメリカの安全保障戦略

冷戦後、アメリカは再び世界秩序の形成を模索する。中心となった2つの柱は、民主主義の拡大と覇権の維持だった。

政治学者の書く論文は、(残念ながら) あまり政策担当者には注目されない。ところが、常識に反して、1990年代のワシントンで多くの人に読まれた論文がある。ドイル (Michael Doyle) の民主平和論の論文だ。民主平和論というのは、民主主義国家同士は戦争をしたことがないという歴史的な事実に着目した理論だ。国際政治の現象は個別の状況が影響する。そのため、物理学とは違って、万有引力のような法則は存在しにくい。その政治学・国際関係論の中で、最も「法則」に近いと言われているのが民主平和論だ。民主主義の方が平和的なわけではない。相手が非民主主義国だと民主主義国は好戦的になり、民主主義国の方から仕掛けた戦争は多い。非民主主義国同士の戦争も多い。しかし、民主主義国同士の場合だけ戦争がない。そうであるならば、民主主義国家を増やせば世界はより平和になる、というのがアメリカの民主主義拡大戦略の理屈だった。

†民主主義の拡大

ブッシュ政権（父）の最後に発表された1993年の国家安全保障戦略で、民主主義の拡大が打ち出された。クリントン政権もこれを引き継ぎ、翌94年に「関与と拡大（Engagement and Enlargement）」戦略を打ち出した。経済的、軍事的に関与し、民主主義を世界に広めるという戦略だった。ブッシュ政権（息子）は、それを一歩進め、武力を使ってでも民主化を進める戦略をとった。世界同時に2つの戦争に勝利し、そのうちの1つでは体制変革を実現することを目指す戦略だった。その背景には、合理的に行動するかどうかが疑わしい独裁政権が大量破壊兵器を開発していることがあった。ブッシュ大統領（息子）は、イラク、イラン、北朝鮮を「悪の枢軸国」と名指ししたが、これらの国の核兵器開発計画を中止させ、核攻撃を抑止することが難しいのであれば、体制を変えてしまえばいい、という考えだ。アメリカの言うことを聞かないのであれば、民主主義国家にしてしまえば、平和を志向し脅威でなくなる、という発想だった。

†アメリカの覇権維持

もう1つの重要な柱は、アメリカの覇権維持だ。後段で、見ていくようにアメリカは冷戦終結後、1990年代から2000年代に、圧倒的な力の優位を誇った。アメリカの覇権を脅かす国がいないという歴史的にも稀な恵まれた状況が、一時のものでなく、できる限り長く続くように国際情勢を形成することが戦略目標になった。そのためには、ユーラシア大陸に地域覇権国の誕生を許さないことと、首位の座を脅かす可能性のある2番目の国の台頭を許さないことである。その方法としては、アメリカの競争力の確保が重視された。

1989年に冷戦が終わり、91年にソ連が崩壊した時、冷戦の真の勝利者はアメリカではなく、日本だと言われた。それは、当時日本が経済的にアメリカを追い上げ、アメリカ国内の企業や有名なビルなどの不動産を数多く買っていたからだ。戦争に勝利するのではなく、日本はカネでアメリカの領土を買っている、と言われた。日本が1番の競争相手だと見られていたので日本の企業経営から学校教育まで徹底的に分析された。日本の成長の秘密が、企業の朝礼制度や系列、あるいは学校の掃除当番制にあるのではないかと真剣に議論された。

しかし、ほどなく、日本のバブル経済は崩壊する。ドイツも東西統一で経済成長が鈍化していた。日本が失速してからは、当面の競争相手がいない状況で、どうやって競争力を維持するかがアメリカにとって大きな課題となった。陸海軍をそれぞれ競わす方法から、革新を促す人事登用の方法などが研究された。アメリカの1位の座を脅かす国は、遠くから追い上げる中国くらいになった。

†懐柔するか、潰すか

覇権を脅かす潜在的な競争相手に対しては、懐柔するか、挑戦を諦めさせるか、早い時点から押し潰すことなどが検討された。日本などは懐柔された競争相手である。1990年代初頭、アメリカの戦略家の多くは冷戦後日本がアメリカの依存から脱却し、独自の安全保障政策を推し進めると予想していた。

中には日本の核武装を予想していた専門家もいた。日本の原子力技術やロケット技術はその文脈の中で、とらえられた。ロケットは、上に打ち上げればロケットだが、斜めに発射すれば大陸間弾道ミサイル（ＩＣＢＭ）になる。日本が同盟を不要だと考えて独自の道を歩むこと。あるいは逆に、日本が同盟に不安を感じ自分で守らなくてはならないと考えて自主防衛を進めることは、いずれも日本の軍事力の強化につながりアメリカには好ましくなかった。日米同盟の再定義は、そのような動きを防ぐことだった。２番手に位置してアメリカを脅かしかねない存在だった日本は、１９９０年代後半から積極的にアメリカの覇権を支える役割を担うことになる。

Japan Set to Launch Its Own Rocket

The project is tied up with Japan's pride in its own technology.

写真３　日本におけるＨ－Ⅱロケットの打ち上げを報じる『ニューヨーク・タイムス』（1994年１月25日付）

†コモンズの支配

軍事的には公共空間の支配（コモンズの支配：Command of the Commons）が重視された。かつての大英帝国が７つの海を支配したように、アメリカは世界の海と空の支配を目指した。つまり、公海の航行の自由とその上空の空域の制空権の確保だ。さらには宇宙とサイバー空間の支配を目指している。

もともと、コモンズというのは、共有、公共という意味の英語commonから派生した言葉だが、共有地や誰でも入れるような公共の場所についても用いられる。イギリスでは自治的に管理していた牧草地をコモンズと呼んだ。「ボストン・コモン」というと、ボストンの市中心にあるアメリカで最古の公園だ。コモンズの悲劇（Tragedy of the commons）というと多数が利用できる共有資源が乱獲によって枯渇してしまうという経済学の法則を指す。

コモンズの支配は、アメリカの覇権を維持するための重要な条件と考えられていて、2つの役割を果たす。1つは、公共空間の安全を世界各国に国際公共財として提供することによって国際システムの安定を図ることだ。自由なアクセスをアメリカが保障してくれることによって、自由な人とモノの移動が可能になる。各国はアメリカに依存することになり、それがアメリカの影響力の源泉ともなる。もう1つは、軍事行動を容易にすることだ。公共空間はどの国にも開かれているが、いざアメリカが決断すれば、アクセスを制限することができる。平和なときは誰にでも使わせるが、戦争になると他国を公共空間から閉め出すことができる。つまりアメリカは、世界中どこであっても、敵からの攻撃を受けることなく軍事介入することができ、軍事力行使のコストは低くなる。コモンズの支配は、国際社会とアメリカに挑戦しようという国に対する「そんな気さえ起こすな（Don't even think about it.）」というメッセージだ。

アメリカは、冷戦後、大量破壊兵器（核兵器、化学兵器、生物兵器）の拡散防止にも力を入れている。とくに核兵器の拡散防止を重要な目標に位置づけている。2003年のイラク攻撃も核兵器開発阻止がもともとの目的だった。これもアメリカのコモンズの支配を脅かすものとしてとらえられている。潜在的な脅威国が核兵器を保有していた場合、アメリカの軍事介入のコストが非常に高くなるからだ。ブッシュ大統領は2002年にイラク、イラン、北朝鮮を「悪の枢軸」と名指ししたが、これらの国はいずれも世界の首位を狙えるような国ではない。ただし、アメリカの覇権維持を困難にする能力を持っている。その脅威はアメリカを直接脅かすものではないため、介入のコストが高くなるとアメリカは不介入を選ぶ可能性がある。逆にこれらの国にとっては、核兵器を保有することによってアメリカの介入を思いとどまらせようという意図がある。これらの国から核兵器が他の国やテロリストに流れると、国際社会の安全を維持することはアメリカにとってより難しくなる。したがって、覇権への挑戦と認識される。

歴代政権の安全保障戦略に影響を及ぼし、『文明の衝突』で知られるハンチントン（Samuel Huntington）は、その戦略の中で民主主義と覇権を結びつけた。「なぜアメリカが一番であることが大事か（Why U.S. Primacy Matters）」という1993年の論文で、ハンチントンは民主主義国家であるアメリカがトップにいることによって世界が安定する、と強調した。アメリカが覇権国であることはアメリカの利益のみならず、世界全体にとって良いことなのだというのが彼の主張だった。

しかし、アメリカが世界の空と海を支配している状態は、崩れ始めている。世界中の紛争に介入するのではなく、優先順位をつけて介入する方向へ転換せざるを得ない。

アメリカの力の低下を次に見てみよう。

✝米国の力の低下

第2次世界大戦後、アメリカは一貫して世界1の経済力と技術力、そして軍事力を誇ってきた。その国内総生産（GDP）は、世界の25％から33％くらいの間を推移している（図1）。2番手の国の倍以上の力をアメリカが維持してきたのがわかる。

アメリカの圧倒的な優位は、冷戦後ますます顕著になった。1991年末にソ連が崩壊し、94年をピークに日本経済が下降線をたどり、ドイツが東西統一のコストを負担して伸

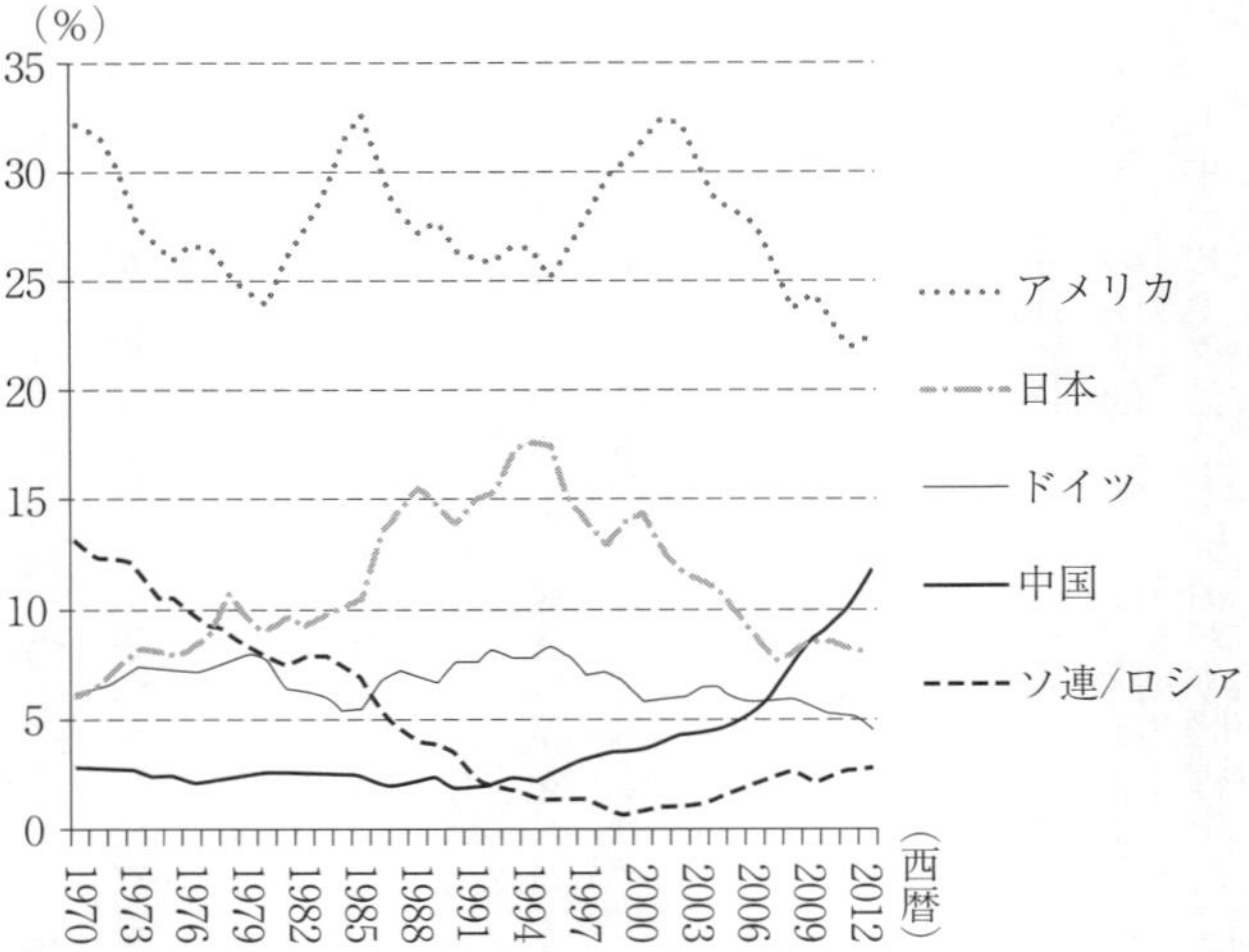

図1　世界に占める各国のGDP
出典：国連統計から筆者が計算

び悩んでいる頃、アメリカは軽快に経済を回復させた。中国もこの時点ではまだアメリカを追撃するような存在ではない。１９９０年代初め、中国は急成長を始めているものの、そのＧＤＰはアメリカの10分の１程度にすぎない。

クラウトハマー（Charles Kraut-hammer）は91年に「単極の時」（Unipolar Moment）という論文を雑誌『フォーリン・アフェアーズ』に書いたが、この時はまだ多くの人が冷戦後の世界は多極になると考えていた。日本や、ドイツを中心としたヨーロッパが極を作ると思われていたからだ。しかし、90年代の終わりには、世界の多くの国と人が、冷戦後の世界は多極ではなく、アメリカの単極（unipolar）だということを認識するようになる。

9・11が起きた2001年には、誰もが世界は単極だと考えていた。ピークの2003年にアメリカのGDPは世界の約33％を占めた。

国防費にいたっては、世界の50％以上を占めた。これは、世界のアメリカ以外のすべての国の国防費を合わせても、アメリカの国防費の方がまだ大きいということだ。そして、国防費の上位の国の多く（例えば、イギリス、フランス、日本）は、アメリカの同盟国だ。

アメリカは軍事能力でも他の追随を許さなかった。アメリカが湾岸戦争やコソボ戦争で見せた戦い方は「軍事における革命（RMA：Revolution in Military Affairs）と呼ばれ、アメリカの圧倒的な強さを見せつけた。衛星から爆撃機に搭載したミサイルに直接信号を送り、ピンポイントで目標を破壊してみせた。従来の軍事能力では、目標特定から破壊までは数週間かかると言われていた。多くの国がまだその段階にいる。それをアメリカは長距離爆撃機を空中で旋回させ、そこから地上の目標を攻撃した。95年から97年のアメリカのあらゆる分野の研究開発費は、イギリス、フランス、ドイツ、日本の研究開発費の合計よりも多かった。技術的にも追随を許さない強さだ。

アメリカの単極優位に変化が訪れたのは、2003年のこと。9・11テロの首謀者アルカイーダを支援していたアフガニスタンへ派兵したのに続いて、イラクへの攻撃を決めた時だ。2つの戦争を同時に戦うという軍事的な常識に反する選択をしたアメリカは、以後、テロとの戦争に全面的に突入していく。

ただし、イラクとの戦争は大量破壊兵器の破壊が目的だった。大量破壊兵器が存在しなかったことから、アメリカは当初の大義を失い、イラクの民主化という新たな大義の実現に乗り出す。軍事力にはできることとできないことがある。この見極めが大事だ。イラクの民主化は、軍事力によって達成することが非常に困難な目的の代表例だ。軍事力が得意とするのは、侵攻する敵を追い払うことなどで、社会を変革することではない。明確な戦争目的の達成がないにもかかわらず9・11以降テロとの戦いに10年間で約1兆3000億ドルという戦費を使い、厭戦的な世論が蔓延した。2008年の世界金融危機（リーマンショック）によって世界経済は停滞する。アメリカの失業率は9・3%に上昇した。2001年に世界の33%を占めていたアメリカのGDPは、10年後の2011年には22%まで落ち込んだ。

†英米がトップにいない世界

19世紀半ばにイギリスで産業革命が起こってから、イギリスはその経済力と軍事力で世界の超大国となった。パックス・ブリタニカ（イギリスによる平和）と呼ばれたその時代、イギリスは世界の覇権国だった。第1次世界大戦当時はアメリカがイギリスと並んで超大国となり、以後アメリカが現在までトップに立っている。つまり、この165年余り米英が世界のトップに居続けていることになる。

それでは、英米以外の国が世界のトップに立つということは、どういうことを意味するのだろうか。購買力平価（PPP：Purchasing Power Parity）を用いたドル換算では、GDPで2014年に既にアメリカを抜いたと見られているのは、中国だ。他の予測でも2030年までには、中国がアメリカを抜いて世界第1位の経済大国になると見られている。その頃までには中国が民主化する可能性がないわけではないが、このまま行けば、民主主義国でない国が世界のリーダーとなることになる。

覇権国のアメリカを止める力は、世界の他の国にはない。例えば、2003年のイラク攻撃はよい例だ。アメリカがイラク攻撃に踏み切った時、明確な国連決議はなかった。I

AEA（国際原子力機関）による核査察を待ってから、という意見もあったが、アメリカは押し切った。つまり、アメリカ政府を制御できるのは、アメリカ国民しかいない。

アメリカ政府は、しばしば軍事的な行動で判断を誤る。また、アメリカ国民は私たち日本人が驚くほど世界のことを知らない。少し田舎に行くと、日本人と中国人の区別がつくアメリカ人は多くない。ミネソタで講演した時には、聴衆から日本人と中国人の見分け方を教えてほしい、と質問された。アメリカでは、戦争が正義を守るための戦争と位置づけられ正当化される傾向にある。また、開戦直後は政権支持率が一時的に高まることも知られている。これは、国旗の下に集結する効果（Rally around the flag effect）と呼ばれる。しかし、政府が失敗したり極端な方向に偏ったりすると、それを正す力がアメリカにはある。2大政党制で政権交代が頻繁なアメリカでは、選挙を通して国民が大統領に落第点をつけることができる。もちろん、大統領選挙は4年ごとなので、開戦決定と大統領選挙までは実際には時間的なズレがある場合がある。したがって過ちがすぐに正されるとは限らないが、世界各国が制御できないアメリカ政府は、民主主義のしくみによって国民によって制御されている。2大政党制と政権交代は、政策議論を活発にし、シンクタンクの発達を生む。野に下っている政権担当経験者が大勢おり、政策論議を現実的なものにする。安全保障のように秘匿性の高い分野では、知識と経験が豊富な専門家が政府の外に多くいることは重要だ。

もともとイギリスの場合は、国民に戦争の負担を強いる代わりに参政権を与えた経緯がある。兵役や納税の義務を負うのであれば、戦争を決定する議論（政治）にも参加できるべきだ、という主張が受け容れられた。余談になるが、参政権と民主的な政治体制の発展を可能にしたのは、イギリスが島国でヨーロッパとは陸続きでなかったがために、強大な陸軍が必要なかったからだという説がある。ヒンツェ（Otto Hintze）やグールビッチ（Peter Gourvitch）らによると常備軍は君主が国民を弾圧する道具にもなる。しかし、安全保障上、強大な陸軍が必要ないイギリスでは君主と市民の関係は対立的ではなく、参政権を認めやすかったのだ、という。

それに対して、中国の場合は国政レベルの選挙はなく、国民に政府の戦争決定を縛る力はない。そうなると、中国が世界で最強の超大国になった場合、国際社会に中国を制御する力がないとすると、中国政府の決定を制御できるものは地球上に存在しないことになる。中国政府が自ら選ぶのを待つしかない。とは言っても、民主主義でない国のリーダーらも政敵との競争はある。それは時に熾烈だ。世論の支持を得ているか否か、革命・クーデターの恐れはないか、諸外国との関係はどうか、愛国主義に照らしてどうか、などいくつかの争点が考えられる。政治ライバルに対して弱みを握られないよう、優位に立てるように、という考慮が働く。それは、指導者の安全保障上の判断を国際安全保障にとってプラスのものにするかもしれないし、逆にマイナスの方向へ突き動かすかもしれない。日本やアメリカなど他の国々ができることは、協調的な行動を取ることが中国の利益だと中国の指導者が認識し、中国自らが国際協調を選ぶような環境を作ることしかない。

現状維持国と台頭国の葛藤

世界史を見ると、これまでも現状維持国と台頭国の間の競争と対立があった。古くは、アテネとスパルタの対立。1900年代のイギリスとドイツ。その後のアメリカとドイツ、そしてアメリカと日本の対立と戦争だ。

覇権国は、現状の国際システムを維持するために多くを負担している。システム内部の大国を満足させ、従えるためには、恩恵を与えないとならない。それが国際公共財だ。例えば、国際金融制度を支えたり、安全を提供したりする。

覇権国の力が落ちてくると、国際公共財を十分に提供できなくなる。そこで、2番手、

3番手の国に公共財の負担を肩代わりさせようとする。ただ乗りを防ごうとするのだ。ところが、そうすると、ただでさえ公共財から得られる便益が減っているところに負担まで押し付けられた2番手、3番手の国は、さらに不満が募る。2番手の国にとっては、そのまま覇権国を支えて現状の国際システムにとどまるか、あるいは、覇権国に挑んで、自分で新たな国際システム、国際秩序をつくるか、という選択になる。挑戦すれば、覇権戦争になる。

覇権国は、2番手の台頭と挑戦を予測すると、挑戦国を押さえ込もうとする。当然、2番手の不満はいっそう強くなる。

第2次世界大戦で、ABCD包囲網というのがあった。アメリカ、イギリス、中国、オランダによる包囲網だ。1941年の日本に対する貿易制限のことを指す。アメリカ留学中に、第2次世界大戦に関する授業で、ABCD包囲網と言ったら、誰も聞いたことがなく、「包囲網というのは、日本が流したプロパガンダだ」と言われてしまった。「いや、知っている。あれは包囲網だ」と言ったのは、ドイツで育った、ドイツ人の母親と米国軍人を父親に持つ学生だけだった。ABCD包囲網というのは、日本人が名付けた名称だということを後に知ったが、この一件が示しているのは、日本には包囲網と見えたものが、アメリカには包囲網に見えなかったということだろう。そして、現状を打破し、覇権国に挑戦しないと将来はない、と台頭国が考えた時に、戦争の可能性は高くなる。

†これまでの覇権交替との決定的な違い

アメリカと中国の関係を現状維持国と台頭国になぞらえる人も多い。前述したとおり、成長を続ける中国が近い将来アメリカを経済規模で追い抜くことが予想されている。その後も中国が、アメリカがリードする国際システムの中にとどまるかどうかは、未知数だと見られている。序章で見たように、すでに中国は、既存の世界銀行やアジア開発銀行に対抗する形で新開発銀行やアジアインフラ投資銀行の設立に動いている。それゆえ、日中関係や米中関係の行方が、100年前、第1次世界大戦勃発当時の英独の関係に比べられている。

しかし、米中の覇権交代があるとしても、そこには、これまでの覇権交代と決定的に違う点がある。それは、アメリカと中国が核保有国で、もし戦争になったら、世界が滅びるかもしれない、という点だ。

第2章 日本の安全保障をめぐる環境——なぜ集団的自衛権が必要だと考えられているのか？

２０１０年ごろから、しばしば耳にするのは、日本を取り巻く安全保障環境がますます厳しくなっている、ということだ。例えば、２０１３年12月に発表された国家安全保障戦略は、日本の「安全保障をめぐる環境が一層厳しさを増している」という状況認識を示し、国家安全保障のために政府全体として取り組む必要性を強調した。２０１４年度の防衛白書も「（２０１０年以降）わが国を取り巻く安全保障環境は、一層厳しさを増している」という情勢認識を示している。集団的自衛権を容認する閣議決定も同じ状況認識の上に立っている。２０１４年７月の安倍首相の記者会見でも、この閣議決定は、安全保障環境がますます厳しさを増す中、国民の平和な暮らしを守るために何をなすべきかとの観点から、新たな安全保障法制の整備のための基本方針を示すものだ、と説明された。

つまり、日本を取り巻く安全保障環境が厳しくなっているので、従来の安全保障政策や法律、ひいては憲法解釈では不十分だというのだ。その状況認識は正しいのだろうか。

そこでまず、安全保障環境がどのように「厳しく」なっているのかを見ていこう。本当にますます厳しくなっているのか？　また、厳しくなっているのはどういう方面か？　さらには、その原因はなにか？　そして、日本の安全保障環境を見ていくと、実は、それほど厳しくないからこそ、厳しいのだということに気づく。

†北朝鮮の核兵器開発

安全保障環境悪化について、日本政府はまず北朝鮮の核兵器や弾道ミサイルの開発を挙げる。北朝鮮は、1990年代に核兵器開発を本格化させ、日米韓を始めとする国際社会がこの問題の解決に取り組み始めてからすでに20年以上が経っている。日米韓が目指すのは、核兵器開発の中止で、朝鮮半島の非核化だ。しかし、その間、北朝鮮は核兵器開発を続け、核兵器実験を何回か繰り返し、その精度向上と小型化を進めている。

弾道ミサイルの開発も進めている。弾道ミサイルは、核兵器の運搬手段で、その射程を延ばしている。防衛白書などによれば、ノドンは射程距離が約1300キロで東京を含む

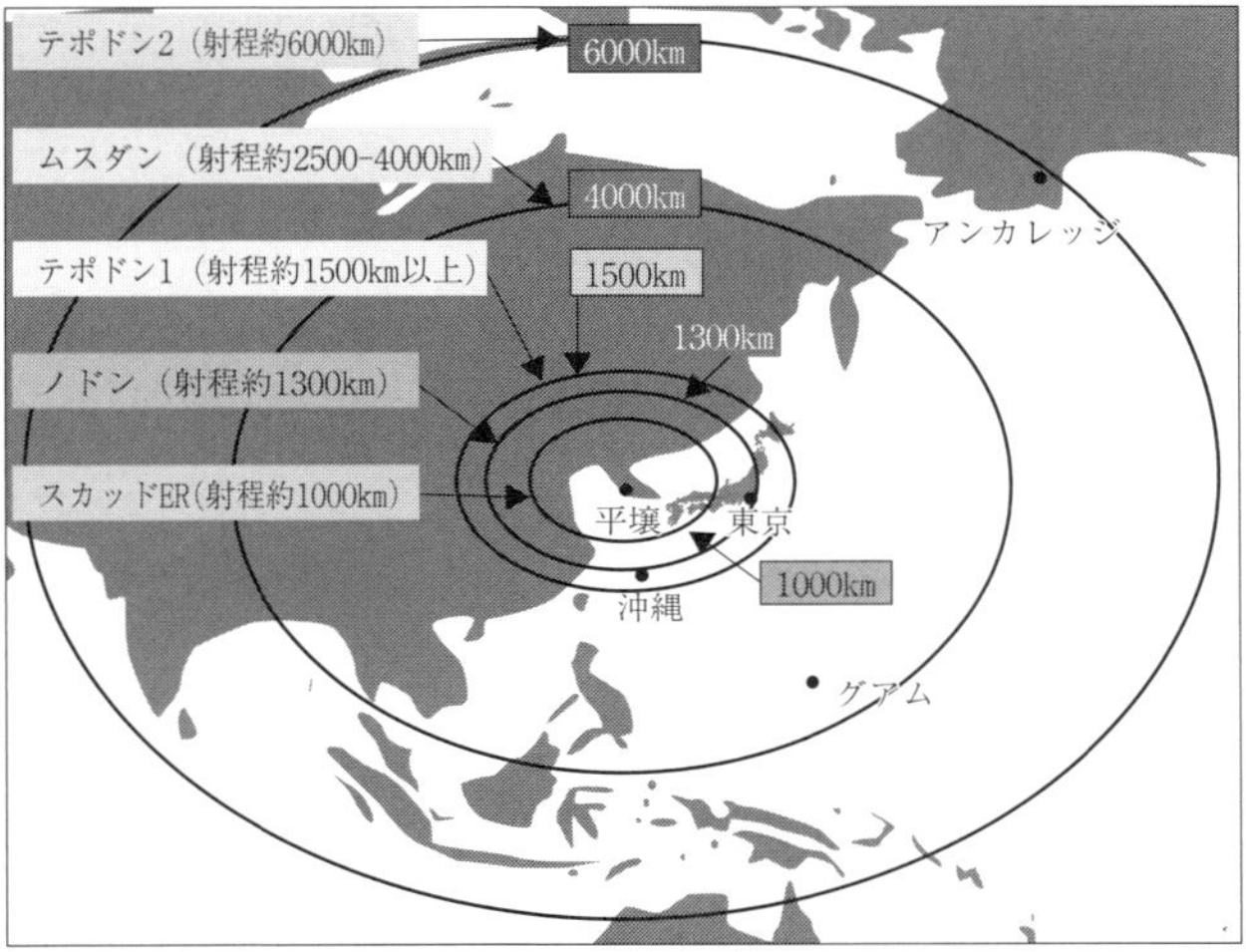

図2　北朝鮮の弾道ミサイルの射程
出典：防衛省『防衛白書』2014年度版

本州のほぼ全域に届く。テポドン1は射程1500キロ。開発中のテポドン2は射程が約6000キロでアラスカなどアメリカ本土を含む。その派生型は射程が約1万キロ以上あり、これが成功すればサンフランシスコ、ロサンゼルスが射程に入る。

北朝鮮の挑発的な態度にも日本政府は懸念を示している。朝鮮半島における挑発的な行動に加えて、日本やアメリカに対する挑発的な言動にも着目している。例えば、2013年3月、4月の『労働新聞』は、米軍基地がある横須賀、沖縄、グアム、アメリカ本土が射程圏内にあることや、東京、大阪、名古屋、京都など日本全域が攻撃の対象になると述べた。金日成から金正日、さらに金正恩と引き継がれた政権だが、北朝鮮はその間、経済的にも政治的にも改革は進展せず、閉鎖的な体制が続いている。一時、経済改革に関心があると見られたが、近年では、停滞している。体制維持のためにも、外部への開放、情報の交流は極めて限定的だ。

日本政府は、北朝鮮の軍事増強に懸念を示すが、北朝鮮は実際、強くなっているのだろうか。たしかに、ミサイル、核兵器という面では増強している。日本やアメリカを直接、攻撃できる能力を開発している。ただし、通常兵器では劣勢である。90年代には、通常兵器においても南北は拮抗していると考えられていた。1993年の第1次北朝鮮核危機当時は、そう考えられていた。この危機は、93年2月に国際原子力機関（IAEA：International Atomic Energy Agency）が北朝鮮に対して核施設の特別査察を行わせるよう求めたのに対し、3月北朝鮮が核拡散防止条約（NPT：Nuclear Non-Proliferation Treaty）からの脱退を宣言し、緊張が高まった。アメリカは軍事行動の準備に入り、戦争になった場合の損失を見積もった。当時、アメリカ国防省は戦争になった場合のアメリカ人の死者を8万人から10万人、戦争費用は約1000億ドルと見積もっていた。その代償は高く、結局、軍事行動は取らなかった。その間の94年6月に、カーター元大統領が訪朝し危機は解消した。この時点では、アメリカがその代償の大きさに抑止された形だった。

2000年代に入ると、通常兵器による軍事バランスは韓国が優勢だというのが一般的な見方になった。北朝鮮から本格的な侵攻を開始する可能性は低いと見られている。だからこそ、北朝鮮は軍事的な劣勢を挽回するため核兵器開発に力を注いでいるともいえる。

したがって、北朝鮮の軍事力が日本にとって脅威となるのは、破れかぶれにミサイルを発射するようなケースだ。ミサイルに核弾頭が搭載されていれば、甚大な被害をもたらす。その可能性はゼロではないが、北朝鮮はミサイルでは戦争に勝てない。脅しや嫌がらせとしての攻撃でしかない。それでも攻撃される側にとっては、多大な損害を受けるので十分に安全保障上の脅威となるが、通常、国家は嫌がらせだけで攻撃したりはしない。北朝鮮の強みは、非合理に見えるイメージだ。「北朝鮮ならばやりかねない」と思わせることによって、周辺諸国を抑止する可能性がある。

†中国の軍事力増強

日本の安全保障環境悪化のもう1つの要素として挙げられるのが、中国の軍事力増強だ。

その中でも、空軍力と海軍力の増強が、とくに懸念を呼んでいる。しかし、増強しているといっても、まだまだアメリカや日本を正面から脅かすような能力はない。それならば、なぜ日本を取り巻く安全保障環境は「ますます厳しい」のか？　少し細かく見ていこう。

中国が軍事近代化、つまり軍事力増強を開始したのは、1980年半ばのことだ。それまでの中国の軍事戦略（ドクトリン）は、毛沢東が発案した「人民戦争」で、質的に勝る敵軍を中国領土に引き込み、人海戦術で防衛するというものだった。したがって、数は多いが、機動力に乏しいというのが、中国軍（中国人民解放軍）の特徴だった。この特徴は今も続く。1985年、もはや第3次世界大戦が起こる可能性は少ない、という情勢判断に基づいて、鄧小平は軍の近代化に乗り出す。陸軍の兵力を削減し、近代的な兵器を導入する計画だ。この時の中国にとって最大の軍事協力国はアメリカで、近代的な兵器を供与してくれた。アメリカにしてみれば、中国が強くなることは、共通の敵であるソ連に対抗する力が強くなることを意味するので、自国の安全が増す。レーダや多目的ヘリコプターのブラックホークなどが供与された。ブラックホークは日本も購入している。

軍事近代化は冷戦後も続く。ただし、近代兵器を提供したのはアメリカではなくロシアだった。これには2つの理由がある。1つは、1989年6月の天安門事件で中国政府が学生たちを弾圧したことに対してアメリカが制裁を課し、武器の供与を止めたこと。もう1つは、同時期に中国とロシアの関係が改善し、武器供与に道が開けたことだ。92年ごろから中国はロシアの戦闘機を導入する。スホーイ27（Su-27：Sukhoi-27）だ。それまでの中国の戦闘機は約800キロと戦闘行動半径（一般的には航続距離の約1／3）が短く、沖縄の一部までしか届かない。また、レーダも旧式のものだった。パイロットがレーダを目標に照射し続け誘導しないと命中しない。それに対して、スホーイ27や日米が保有するF－15は、レーダでいったん目標を特定しミサイルを発射すると目標をめがけて飛んで行く。パイロットは発射した後、その場を離れて退避しても構わない。そのため、「射って忘れる（ファイア・アンド・フォーゲット：Fire-and-forget）」「撃ち放し」と呼ばれる。攻撃能力が向上すると同時に、敵の射程圏外に逃げることが可能なので防御能力も高まる。スホーイの導入によって、中国の空軍力は格段と上がった。2014年現在、中国はスホーイ27を75機、スホーイ30を73機、スホーイ27を基に中国で生産したJ－11を約200機保有しているとみられる。そのほか、戦闘機を管制する早期警戒管制機（AWACS：Airborne Warning And Control System）も導入している。

海軍力も向上している。戦闘機と同様、中国海軍は船の数は多いが、航行距離が短く、武器の性能も劣っていた。遠洋まで展開する「ブルー・ウォーター・ネービー」を目指すものの、実態は沿岸警備のみの「ブラウン・ウォーター・ネービー」だと揶揄された。江沢民の下、海軍増強を開始し、「海の長城」建設が始まった。90年代にキロ（Kilo）級潜水艦とソブレメンヌイ（Sovremenny）級駆逐艦をロシアから購入した。中国は70年代から原子力潜水艦も保有していたが、キロ級に比べて音がうるさく、ハワイからでも聞こえるという冗談があったくらいだ。キロ級潜水艦は静粛性が特徴で、それまでの中国の潜水艦と比べて隠密性が高まった。その後、新たな原潜も開発している。

中国海軍は、2012年に空母「遼寧」を就役した。ウクライナからの購入当初は、カジノ船として使う予定だといわれていたが、その後、空母として改修した。中国国産の艦載機J－15（殲－15：Jian－15）を開発中で着艦訓練実施が報道されたが、まだ数機しか完成していないと見られている。対して横須賀を母港とするアメリカの空母ジョージ・ワシントンの艦載機は65機だ。空母は、中国の海洋進出の代名詞のようにいわれるが、実際に戦闘能力がどれほど向上するかは疑わしい。とくに、日米のような強力な海空軍を持つ国に対してはさほど脅威にはならない。

アメリカの安全保障専門家が注目するのは、中国の対艦弾道ミサイルだ。アメリカの空母が特定の海域に進入するのを阻むのが目的だ。空母は洋上にあって戦闘機の発着陸を可能にする沖合の基地だ。自国の国境を越えて、軍事力を発揮できる能力を投射能力、パワープロジェクション能力（power projection capability）という。空母は、その最たるものだ。アメリカはニミッツ級空母を10隻保有し、世界中どこの海へでも空母を持って行って沖から地上を攻撃できる。前に見たように世界の公共空間、コモンズを支配していればたやすい。空軍力が弱い国の場合、空母が沖合から陸上を攻撃すると丸腰状態になってしまう。地上から短距離の地対空ミサイルなどで応戦しても限りがある。地上兵力を投入するのと違って空からの攻撃は人的損害が少ない。したがって、空母派遣は政治的なコストが低い。ところが、守勢に回ると必ずしも空母は強くない。空母は通常、チームで戦う。空母打撃群（２００６年以前は空母戦闘群）には、空母を守るためのイージス型などの駆逐艦やミサイル巡洋艦、攻撃型潜水艦などが含まれる。中国の対艦弾道ミサイルは軌道が不安定なため、迎撃しにくいと考えられている。空母はたいへん高価だ。２０１５年に就役予定の空母ジェラルド・フォードは約130億ドルする。約6000人の乗組員がおり、戦闘機が60機から70機のほか、早期警戒機、対潜戦用のヘリコプターなどが載っている。しかも空母は、その特徴からレーダで見つかりやすい。そのため、危険な海域にはおいそれと投入しないのではないかという見方がある。その危険を冒して戦う場合は、その代償に見合うだけの重要な利益、大義が必要だと考えられる。

このことが、日米の抑止力にどのような影響を与えるかは、第4章で詳しく見ていこう。

写真4　尖閣付近の領海に侵入する中国公船を監視する海上保安庁の船（© 第11管区海上保安本部／ロイター／アフロ）

†海洋権益をめぐる海上警察の活動

尖閣諸島周辺への中国の船の侵入が、しばしば報道されるが、このほとんどは海軍の船ではない。日本の海上保安庁にあたる海警局の船だ。2013年まで中国の海洋関係機関は、公安部辺境海上警察、税関総署海上監視警察、国土資源部海洋局海監、農業部中国魚政局の4つに分かれていて、「4つの竜」などと呼ばれていたが、統合された。英語の名称も他国の海上保安と同じく、チャイナ・コーストガードとした。それまでは、「海監」「魚政」と書かれた船が活動していたが、13年からは「中国海警　CHINA COAST GUARD」と塗装され、それまでの「中国海監　CHINA MARINE SURVEILLANCE」が海洋調査船との印象を与えたのに対して、法執行機関の役割がより色濃くなっている。

中国の海洋における活動がさかんになったのは、2000年前後からだ。1998年頃から次第に日本近海で海洋調査船が活動するようになった。中国の調査船は、東シナ海の日本と中国の中間線を越えて日本の排他的経済水域（EEZ：Exclusive Economic Zone）で活動するようになった。このため、中国の海洋調査船が、中間線を越えて日本のEEZに入る場合は、事前通報することを日中両政府は2000年に合意した。外務省によると年に数回双方から通報があるが、中国船が事前通告なしに中間線を越えて活動したり、事前通報以外の調査を行ったりすることが見つかっている。中国の調査船は、しだいにその活動範囲を広げ、東シナ海から沖ノ鳥島周辺などに来るようになった。

その背景として、専門家の間では、中国の船の能力が向上し遠くの海まで来られるようになったことと、海底の状況などを調べて潜水艦からミサイルを発射するのに適した海域を探しているなどという見方がある。また、活動範囲を広げてその海域の既得権益を確立しようとしている、という見方もある。領土やEEZについて主張している場合は後者が考えられる。海洋調査をして実績を作り、その後で島に上陸し、建造物をつくり、実効支配する、ということを狙っているのではないかと見る専門家もいる。

†安全保障環境は厳しいのか?

ここまで読んで読者は、どう判断するだろう。北朝鮮はミサイルを手にし、核兵器を開発している。中国は、経済成長を背景に防衛費をこの25年間、1年を除いて毎年10%以上増やし、空海軍力を増強している。その上、尖閣諸島の領有権を主張し、周辺海域で活動を活発化させている。日本を取り巻く安全保障環境は日本政府が言う通り、ますます厳しさを増しているのだろうか? もし、北朝鮮や中国の脅威が増大しているのであれば、なぜ日本が集団的自衛権の行使を容認すると日米の抑止力が増すというのだろうか?

†集団的自衛権のしくみ

集団的自衛権の行使の前提にあるのは、自国が直接攻撃されているのではない、ということだ。自国が攻撃されている場合は、個別的自衛権の行使になる。「自分は攻撃されていないけれども、他国が攻撃されていて、その国を守るために軍事力を使う」ことが集団的自衛権の行使だ。この場合の他国は同盟国など自国の安全保障に密接な関係がある国の場合が多い。日本の場合は、アメリカが攻撃されている時に、アメリカを守るために戦うことが集団的自衛権の行使にあたる。アメリカは、以前から日米安全保障条約の下、日本が攻撃された場合は防衛する義務がある。つまり、以前から集団的自衛権の行使を表明している。日本が、「自分が攻撃されていなくてもアメリカを守るために戦います」と宣言することが中国に対する抑止を増すとはどういうことだろうか。

集団的自衛権行使が必要だという説明は、大きく分けて2つある。1つは、このままでは日本人を守れない、という議論。紛争地域から避難してくる日本人の母子が乗った船がアメリカの軍艦だった場合、その母子を自衛隊が守れないのは、おかしい、という議論だ。安倍首相が、パネルで示す例がこれだ。もう1つは、このままではアメリカに守ってもらえない、という議論だ。攻撃されているアメリカを助けなかったら真の仲間だとは思ってもらえないという議論や、アメリカが困っている時に守らなかったら日本が攻撃された時に見放されるという功利的な議論がある。つまり、集団的自衛権を行使して日本の抑止力を増やそうというのは、アメリカに守ってもらう可能性を高くするのが目的だ。

†閣議決定が可能にする活動

ここで少し、2014年7月の閣議決定に基づく法改正によって、日本が新たにできるようになると予想される活動について見ておこう。

7月の閣議決定の内容は3つに分かれている。①は有事（戦時）でも平時でもない武力攻撃には至っていない侵害への対処。いわゆるグレーゾーン事態、と呼ばれているものだ。②は国連平和維持活動（PKO）を含む国際的な平和協力活動に関するもの。③は武力の行使に「当たり得る」活動だ。このうち、①と②は一部に集団的自衛権の行使によって可能になる活動が含まれているが、個別的自衛権や警察権に関するものも含んでいる。グレーゾーン事態については、第5章で詳しく考えてみたい。③は集団的自衛権の行使が必要となる事例を想定している。

7月の閣議決定は、5月15日に発表された「安全保障の法的基盤に関する懇談会（安保法制懇）」の報告書を受けて、与党協議会（安全保障法制整備に関する与党協議会）を経てまとめられたものだ。政府は5月27日に、これまでの憲法解釈や法制では、対応できない15

の事例を与党協議会に提示した。この15事例には、非現実的なものも含まれているが、今後、どのような活動が可能になると想定されているかが見える。主なものを見てみよう。

グレーゾーン事態では、離島への侵害の対処に、警察や海上保安庁に加えて、自衛隊が速やかに出動できるようになる。また、平時に北朝鮮のミサイル発射に備えて警戒している米軍部隊に対して自衛隊が要請された場合に防護する。これは、戦時においてまだ日本が攻撃されていない時点で防護することも検討されている。

国連PKOなどの活動については、これまでの「非戦闘地域」に限定せずに「現に戦闘行為を行っている現場」でない場所でならば補給、輸送などの後方支援ができるように活動範囲を広げる。また、離れた場所にいる他国のPKO要員やNGOなどの日本人が襲われたときに駆けつけて武器を使って警護できる。いわゆる、駆けつけ警護だ。これまでは、基地の中にいる場合は警護できたが、一歩外に出たら、護れなかった。

政府は、当初、侵略行為に対抗する国際協力に参加できるようにすることも検討していた。安保法制懇は、これを認め、15事例にも含まれていた。集団安全保障措置は日本が当事者である国際紛争を解決する手段としての武力行使には当たらないので、憲法上の制約はない、という判断に立っていた。しかし、公明党の反対などがあって、閣議決定からは除外された。これを認めれば、ある国が侵略されて国連安保理決議に基づいて多国籍軍が活動している時に、日本も参加できるようになる。

日本国憲法は、もともと、国連の集団安全保障が機能していることを前提にしている。国連の集団安全保障の考え方は、加盟国間で相互不侵略を誓約し、どこかの国がそれに違反して侵略行為を行った場合、加盟国全体で被侵略国を助け、侵略国を制裁するというものだ。だから、個別の国は独自の軍備を持つ必要がない。ところが、国連常備軍は存在せず、国連の集団安全保障機能は限定的だ。前提が崩れ、日本の防衛政策は今日まで憲法の拡大解釈を重ねて綱渡りのような状態を続けてきた。世界は、結局、集団安全保障ではなく、同盟などの勢力均衡によって安定を保ってきた。

集団的自衛権の行使では、日本と密接な関係にある国が攻撃を受けて、その国がやられたら日本も危ないときに武力行使できるようになる。具体的に挙げられた事例は、例えば、日本人が米輸送艦に乗って紛争地から避難して来る時に、自衛隊が護れるようにする。これが先ほど紹介した首相のパネルで示されたケースだ。

ミサイル防衛に関連した活動も想定されている。グレーゾーンの時に触れたように、戦時における弾道ミサイル発射警戒時の米艦防護。アメリカに向けて日本上空を横切る弾道ミサイルの迎撃。また、アメリカ本土が武力攻撃を受け、日本近隣で作戦を行う時の米軍艦の防護が想定されている。これは、日本の周辺国がアメリカ本土を攻撃し、次は日本が標的になる恐れがある時にアメリカの軍艦を防護できるようにする。このほか、国際的な機雷掃海活動への参加や、民間船舶の国際共同護衛活動への参加も考えられている。

†集団的自衛権を行使するとき

実際に日本が集団的自衛権を行使する場合は、政府が示した15事例に当てはまらないことも予想される。よく挙げられる米艦防護の例は、例えば朝鮮半島で戦争が起こっていて日本人が避難している時にアメリカの軍艦が攻撃を受けるような事態を想定している。しかし、このような状態であれば、軍艦を攻撃するだけでなく、日本の米軍基地へ攻撃することが考えられる。その方が軍事的には効果が大きい。そうであれば、東アジア一帯を巻き込んだ戦争が勃発していることが考えられる。

どのようなときに集団的自衛権を行使するかは、その時の状況に大きく左右されるだろう。現実的には、アメリカが攻撃を受け、アメリカからの要請に日本が応えることが考えられる。これまで、1990年の湾岸戦争、2003年のイラク戦争で日本は限定的な協

写真5　記者会見で集団的自衛権の必要を訴える安倍首相（©AFP＝時事）

力しかしなかった。アメリカが求めたのは、さらに上だった。安倍首相は、日本がイラク戦争で戦うようなことはない、と述べている。しかし、アメリカから要請があった時に、別の国との対立から日本がアメリカの協力を強く必要としている場合は、要請に応える可能性もある。先ほど述べたように集団的自衛権を行使する目的の1つは、同盟相手からの防衛義務を確固たるものにすることだからだ。要請を断るとアメリカの日本への防衛義務を強化できない可能性がある。また、これまでは要請に対して、「残念だができない」と回答していたが、集団的自衛権を行使できるようにすると「できるけれど、しない」という回答をすることになり、日米関係を良好で強固なものにする、という目的とは逆の結果になる恐れもある。

†「中国は脅威になってくれない」

中国がこれだけ大きくなり、活動を活発化している時に、アメリカが日本を守らないことがありえるのだろうか。なぜ、集団的自衛権の行使が必要だと思われるのだろうか。

北朝鮮は核開発を進めているが、ソ連が保有していた6000発にはほど遠い。中国は軍備増強しているが、これも、まだまだ劣っている。では、なぜ、ますます厳しいのか。60年間封印してきた集団的自衛権の行使を容認しなければならないほど、何が厳しいのか。

実は、安全保障環境が、それほど厳しくはないから、厳しい。どういうことだろう。

中国の変化は目覚ましいが、アメリカにとって直接の脅威ではない。数年前、アメリカの安全保障専門の教授が「中国は協力的でない」と言い、こう続けた。「アメリカは脅威を探しているのに、中国は脅威になってくれない。台湾はどう見ても中国に近い。キューバまで進出してくれれば別だけれど」。むろん、冗談だ。だが、本音でもある。

中国は、冷戦時代のソ連とは違って、世界を二分して勢力圏を争う存在ではない。中国の力は、まだまだアメリカに劣る。日本が共産化しソ連の勢力圏内に入ることは、アメリカにとって大きな脅威で、なんとしても阻止せざるを得ないことだった。冷戦が終わり、ソ連が崩壊し、アメリカに日本を守る自明の理由はなくなっている。1990年代から一貫して日本はアメリカに対する防衛協力を増加させている。91年には思いやり予算を増やし、在日米軍基地の光熱費の負担や日本人労働者の給料の負担を開始した。97年には周辺事態における後方支援を導入した。これは、アメリカに見捨てられないため。また、他国からアメリカが日本を見捨てると思われないためだ。集団的自衛権行使の容認もこの流れの延長線上にある。中国が強大な脅威となり、安全保障環境が本当に厳しければ、逆に、アメリカから見捨てられる心配は減る。

日本人にとって中国は、歴史問題で非難を繰り返すし、尖閣諸島周辺に出没し続けるので、その高圧的な態度が、脅威だと見えるかもしれない。しかし、この脅威感は必ずしも多くの国に共有されてはいない。

アメリカは徐々に中国との戦略的不信に陥っているものの、中国を直接的な脅威だと見ているわけではない。アメリカにとって東アジアが重要な第1の理由は経済だ。世界の成長を引っぱり、アメリカにとってビジネスチャンスがあるのは東アジアだからだ。2009年、オバマ大統領が就任後初の外遊先に選んだのは東アジアだった。東京・サントリーホールの演説で、オバマ大統領は、アメリカにとって東アジアの重要性を訴え、経済的利益、雇用の確保につながることを強調した。これは本音だ。経済のために東アジアが安定していること、そして東アジア地域に関与し、地域の共同体形成から疎外されないことは、アメリカにとって重要な利益だ。

アメリカが形成しリードする国際システムから中国は恩恵を受け成長している、とアメリカは見ている。したがって、当面、中国があからさまに現存の国際システムに挑戦してくることはない、と。アメリカにとっての課題は、地域の他の国が中国になびかないようにすることだ。他の国々が中国の経済的な魅力と軍事的な脅しに屈しないためには、アメリカが成長し続けることと、いざとなったら中国を牽制する軍事能力を保持することだ。それを可能にするのは、軍事介入のコストを低く抑えられる態勢を維持することだ。具体的には第4章で見るように、中国軍を第2列島線の外に出さないことだ。しかし、繰り返しになるが、中国が直接アメリカの脅威であるわけではない。

†歴史問題と領土問題を差し引いてみると

その他の世界各国も、中国の台頭とその得体の知れない様子に不安を感じているものの、主眼は中国との良い関係の維持にある。中国をビジネスチャンスの対象ととらえている国も多い。日本とてそうだろう。中国は、2013年現在日本の最大の貿易相手国だ。世界の約120カ国にとっても最大の貿易相手だという。中でも、韓国とオーストラリアは中国への依存度が高い。韓国は輸出の約25%が、オーストラリアは約30%が中国相手だ。他の国が、中国に抱いている認識を理解するためには、私たちが中国を見る時に、歴史問題と領土問題がなかったらどうだろう、と考えてみるとよいかもしれない。

例えば、仮に日本が中国と衝突するような事態に陥った場合、これらの国が考えるのは、日本を救うことのメリットと、中国の行動をそのままにするデメリット、日中衝突によって失う経済的な利益だ。例えば、14年12月のオーストラリアの世論調査では、尖閣諸島を巡って日中間で武力衝突が起こった場合、71%の人が、中立を保つべきだ、と答えている。アメリカが支援を求めた場合でも68%が中立を保つべきだと、態度を変えていない。日本がどれだけ、他人の喧嘩や戦争にこれまで巻き込まれないようにしてきたかを考えれば、他の国が、簡単に日本の味方をするとは考えにくい。

†国家相手に、ツケは効かない

集団的自衛権の行使へ踏み切る理由の1つは、味方を作ることにある。日本が他の国の戦争に敢えて巻き込まれて行く決断をしたのは、見返りを期待しているからだ。「あの時、助けてくれたから、こんどは日本を助けてあげよう」と同盟国に考えてもらいたい打算がある。

ここで、気をつけなくてはいけないことが2つある。

1つ。国家相手には、ツケは効かない可能性があるということだ。とくに義理人情ではなく、合理的に費用便益を計算する国（例えばアメリカ）の場合、その時その時で判断する。「あの時、お世話になったから」「あの時、日本が無理してくれたから」と日本の過去の行動に恩義を感じて、現在の政策判断をするときに日本の立場を尊重する可能性は高くない。例えば、日本がイラクに自衛隊を派遣したことをどれだけのアメリカ人がいま覚えているだろうか。親日派は覚えている。日米同盟の応援団的な同盟管理者たちも覚えているだろう。しかし、戦争に反対していたオバマ大統領や、政権担当者らは評価しているだろうか。また、同盟管理者らとて、その時点でアメリカにとっての利益とリスク、代償を計算して決定する。また、そうすることが国の安全保障を国民から付託されている政策決定者の責任でもある。だから、あまり、期待できない。

2つ。ある戦争に参加するかどうかは、日本が参加することによって、その戦争の原因となっている脅威を取り除き、事態を改善できるかどうかに基づいて判断する必要がある。そもそもの脅威を取り除くため、問題を解決するために、軍事行動が効果的なのかどうかが重要だ。つまり、アメリカが戦争している国が日本にとって脅威でない場合や、日本の参加が問題の解決に効果をもたらさない場合は参加するべきではないだろう。他国の戦争への参加が、自国の次の戦争に役立つ手段だと考えることは、安全保障環境の改善にはつながらない可能性があるからだ。そして、戦う前に軍事的な効果を査定するのは、そんなに簡単なことではない。軍事力にできることは限られているのだ。

†平時の協力は増進

集団的自衛権行使の一部容認で、平時の協力は増すだろう。集団的自衛権行使の議論の中で、外務省と自衛隊OBの発言からも平素からの協力態勢が強化されることへの期待が窺える。

集団的自衛権行使に最も積極的なのは外務省だが、そこには「普通の国」に近づいて諸外国と付き合いたいという願望があるようだ。十分な国際貢献ができずに、肩身が狭いという意見も聞く。外務省関係者には、アメリカを始め諸外国ともっと対等に付き合いたいという議論もある。日本は経済力もあり、技術力もある。国際法を守り、国連分担金も世界第2位で全体の10%以上を占める。だが、その国際貢献が十分に評価されていないという思いがある。「軍事力の後ろ盾がないから日本の外交力は弱い」、という議論をしばしば耳にする。

あながち間違っているとは言えない。国際社会には、軍事的な貢献を評価する傾向がある。

†湾岸戦争のトラウマ

日本の外交・安全保障担当者の間で、集団的自衛権行使に向けた動きが始まった原点にあるのは、湾岸戦争のトラウマだ。トラウマの原因は、1991年の湾岸戦争で日本は130億ドルを拠出したのに、国際社会からは評価されなかったという苦い経験だ。「湾岸戦争は、90年8月にイラクが隣国のクウェートを侵略したのに対し、国連安全保障理事会（安保理）がイラクに撤退を求め、あらゆる必要な手段の行使を認める強い決議を採択した。この決議に基づき、91年1月、アメリカを始めとする多国籍軍が「砂漠の嵐（Desert Storm）」作戦を開始し、日本にも輸送などの後方支援への参加要請があった。日本は、国連平和協力法案を90年10月に国会に提出したが、自衛隊の海外派遣に反対が強く11月には廃案になった。日本は、金銭的な貢献しかできなかった。アメリカ国内には、「遅いし、少ない（Too little, too late）」、「汗もかかず、血も流さない」という批判が起こった。とくにトラウマとして残ったのは、戦争終了後、クウェート政府が91年3月11日付けの『ワシントン・ポスト』紙に感謝広告を出した時に、日本が含まれていなかったことだ。また、ワシントンで開かれた勝利パレードに約30カ国の大使が特別席に招待されたのに日本は一般席だった。招待状が届かないので配達ミスを心配した日本大使館が問い合わせをしたところ、「送っていない」という回答だったという。

その後、92年に国際平和協力法（国際連合平和維持活動等に対する協力に関する法律）が施行され、日本は、カンボジアへの派遣を皮切りに徐々に、国際平和協力活動を増やしてきている。この時、憲法の前文の精神を引用して、国際貢献の必要性を訴えたのは、当時自民党幹事長だった小沢一郎衆議院議員だった。

†共同訓練の拡大

一方、自衛隊は、アメリカやオーストラリアなど諸外国の軍隊と共同訓練や演習に参加できることを歓迎している。これまでは、集団的自衛権行使に関わるような内容やシナリオでの訓練、演習は実施できなかった。多国間演習の場合、自衛隊は参加しても、ある部分は離れて、参加できなかった。共同訓練を兼ねた警戒監視活動や情報収集活動で協力することによって、情報の共有が増すことも期待されている。

アメリカは、集団的自衛権の容認によって、共通の戦略に基づいた作戦計画の策定やその計画に基づいた訓練を実施することに期待していると考えられる。ただし、日本が戦争に参加するかどうかは不透明だ。国会審議でも、政府が海外に対しては国際協力への積極参加を表明し、国内では自国の安全に密接に関係する場合のみに集団的自衛権を使うという説明をするのは、ダブル・スタンダード（相手によって言う事を変える二重規範、平たく言えば、二枚舌）ではないかと議論になった。有事の際に、作戦に参加するということが、事前にある程度確実でないと、作戦計画は立てられない。つまり、日本が有事に協力できない可能性があるのなら、作戦計画に組み込めない。軍は通常、不確実性を嫌う。他方、有事の際の参加を前提として日常的に訓練することは、参加を既成事実化し、有事の際に政治決定を縛る可能性もある。

最近では、演習を実施することによって、防衛の意思を示すことが、抑止につながるという考え方もある。一方では、実際には協力しないのに、協力するかのようにシグナルを送ることは対抗措置を生み、安全を損なう可能性もある。

†より安全になるのか

ここで私たちが考えておかないといけないのは、集団的自衛権の行使によって、これまでよりも日本が安全になるのか、ということだ。もっと言えば、世界の安全保障環境が改善し、平和になるのか、という問題だ。

具体的には、考えないといけないのは、例えばこんなことだ。湾岸戦争の時に、集団的自衛権行使やグレーゾーン事態への対応ができていたら、日本は何をしていたのだろうか？ そしてそれは、日本の安全にどのようにプラスになっていたのだろうか。

外交的には、プラスはあっただろう。クウェートの感謝広告に名前を連ねられただろう。外交的な立場が良くなることは、日本の国益にとってプラスも多いと思う。しかし、日本の安全にとってはどうだろう。そして、湾岸戦争の推移、中東情勢にはどう影響しただろうか。日本は中東の石油に依存しているので、中東の安定は重要だ。つまり、日本が参加していたとしたら、参加しなかった場合に比べて、イラクと中東が安定していただろうか。10年後の2003年のイラク戦争の時に日本は安全な地域を探して水を供給し復興支援に参加した。もし、もっと危険な場所で、別の活動ができていたら、イラクは今日、もっと安定していただろうか。

これらの問いの答えが、集団的自衛権行使の容認の是非を判断する材料になる。

他国の戦争に加担する可能性がゼロでなくなった日本にとって、戦争は今まで以上の関心事となる。それでは、そもそもなぜ戦争は起こるのか。第3章では、過去に起こった戦争を振り返り、戦争の原因について考えてみたい。戦争の予防法を考えるためには、戦争の原因についての知識が必要だ。その上で、どうやって戦争を防げるかについて考えたい。

†戦争は勝敗予測の不一致で起きる

戦争は、ある日突然には起こらない。戦争は、双方が重要だと思うモノをめぐる争いだ。それは領土だったり、偶発的な出来事の処理方法だったり、自由や人権という価値の場合もある。戦争に至るまでは、外交交渉が続く。その国にとって死活的に重要なモノ、つまり重要な国益を争っている場合、譲歩するのは難しい。交渉が行き詰まったときは、そのモノを守るために戦うか、譲歩するしかない。

戦争をするという決定は、どの国、どの指導者にとっても重い。戦争に突入する前に、勝敗を予想するのは当然のことだ。その場合、明らかに負けるとわかっていたら戦争を選ぶだろうか。戦争になって負ければ、係争中の領土や利益よりも多大な損害を被ることになる。

戦争の原因の1つに勝敗予測の不一致がある。A国が「自分が勝つ」と思い、B国も「A国が勝つ」と思えば、A国とB国の戦争は回避される。だがA国が「自分が勝つ」と思い、B国も「自分が勝つ」と思う時、戦争が起きる蓋然性は高くなる。戦争の結末があらかじめ明らかであれば、多大な犠牲を払って戦う必要はなく、交渉で解決できるはずだ。

ところが、後者の例のように双方が「自分が勝つ」と思うことがある。それには、いくつかの理由が考えられる。

まず1つめは、予測が間違っている場合。将来を予測するのは簡単ではない。どの国も軍事的な情報は秘密にする。自国の軍隊の能力も公けにされてはいない。相手国の能力も同じだ。すると、衝突して戦った場合にその結末の予測を間違えることはあり得る。

2つめは、わざと間違える場合。負けるという予測が受け入れられない状況がある。例えば、負けるという予想は軍の組織内で認められないという場合が考えられる。ある戦いに備えてきて、今さら負けると言えないという事情がある。そんなことで戦争の危険を冒すのか、と思うが、過去にはそんなことがあった。戦前の日本である。1941年（昭和16年）夏、日本の戦況の評価は日本が負けるというものだった。ところが、この評価は広く共有されることなく葬り去られた。開戦は不可避だという認識の下、敗戦は認められなかったのである。この過程は、猪瀬直樹の『日本人はなぜ戦争をしたか――昭和16年夏の敗戦』に詳しい。余談だが、この著作は石破茂衆院議員の愛読書で政治家を志した原点の1つでもあるという。

それでは、勝敗予測のズレが原因で戦争に突入する場合、どうすれば防げるだろうか？1つ考えられるのは、未来が見えるようにすれば防げるのではないか、ということだ。未来が見える道具には「水晶玉」がある。ディズニー映画の『リトル・マーメイド』や、『眠れる森の美女』で、魔女が覗いている、あの魔法の水晶玉だ。その水晶玉が手に入れば、予め勝敗が明らかになるので、戦争は回避できる可能性が高い。水晶玉効果（crystal ball effect）と呼ばれている。

水晶玉については、次の「短期楽勝の誘惑」の項でもその有効性を見ていく。また、どうやったら水晶玉が手に入るかについては、その後の章で見ていこう。そして、この水晶玉は、抑止力とも密接な関係にある。

図3　水晶玉効果
未来を予測できる水晶玉があれば、戦争を回避できる可能性が高い。（© 石川恭子）

†短期楽勝の誘惑

開戦の決定は重い、と先に書いた。しかし、見通しが楽勝だったらどうだろう。しかも短期楽勝の場合だったならば……。過去の歴史を見ると、指導者たちはしばしば戦争が短く、楽勝だという見込みの下に戦争に突入していく。つまり、水晶玉を覗いて戦争の代価が低く見えるときだ。長期間に及ぶ戦争は人的損害と戦費を増す。戦争を支える国民の士気にも影響する。開戦直後に政権支持率が一時的に高まる「国旗の下に集結する効果」については第1章（42ページ）で触れた。しかし、この効果も戦争が長引けば薄れる。このことを知っているからこそ、政権担当者は、短く、かつ簡単に勝てる戦争を好む。さらに、1990年代以降は人的被害に対する世論が厳しく、味方はもちろんのこと、敵であっても死傷者をできるだけ少なくすることが求められる。とくに、人道的介入の場合はそうだ。

短期楽勝の誘惑に負けて開戦する例は歴史上少なくない。古くは、紀元前431年にアテネのペリクレスは勝利を確信してスパルタとの戦争へ突入していった。日露戦争（1904-05年）では、ロシアのクロパトキン戦争大臣が日本に短期間で勝つと皇帝を説得した。大臣の見立ては、ロシア軍が日本を満州と朝鮮から速やかに追い出し、日本に上陸して日本軍を殲滅し天皇を捕らえることができる、というものだった。

第1次世界大戦が勃発した1914年、3国協商（英仏ロ）と中央同盟国（ドイツ、オーストリア）は双方とも短期間の勝利を予想していた。ドイツの参謀本部はフランスを4週間で破り、残りの英ロを4カ月で破ると予測していた。ドイツ皇帝は8月に戦地に赴く兵に対して、落ち葉の季節までには戦争が終わる、と言って送り出した。一方、ロシアは2、3カ月で勝利すると予測し、イギリスの将軍もドイツを英仏の「いい鴨だ」と評した。各国が短期楽勝を信じて始まった戦争は、4年3カ月続き、死傷者は約3700万人にものぼった。この第1次世界大戦開戦当初の楽観については、バーバラ・タックマンの『八

写真6　第１次世界大戦は塹壕戦となり予想に反して長期化した（1914年11月１日撮影、©Ullstein Bild／アフロ）

月の砲声』（ちくま学芸文庫）に詳しい。

楽観は、日本の戦争決定にも影響した。１９３７年７月、盧溝橋事件後の陸軍参謀本部の情勢判断は、一撃を与えれば中国はたやすく屈伏するだろうというものだった。杉山元陸相は１カ月ほどで事変は片付くと見ていた。さらに杉山は、派兵の声明だけで中国が譲歩すると推測していた。見通しに反して日本の派兵と総攻撃は中国の戦意喪失をもたらすことなく、日中は全面戦争へと突入した。１９４１年12月の太平洋戦争開戦を前に37年当時の甘い読みを天皇から指摘された杉山は、支那は奥地が開けていて予定通りに作戦出来なかったと釈明したといい、見通しの誤りを認めている。

その後も、指導者たちは楽勝の判断に基づいて戦争を決定する。１９５０年の朝鮮戦争開戦前、北朝鮮の金日成はソ連のスターリンに対して、開戦３日で韓国を破ると述べ、アメリカが介入する前に勝利できると説明した。１９５６年のスエズ危機に際しての英仏の出兵決定や、１９６１年のアメリカのベトナム介入、１９８２年のフォークランド紛争におけるアルゼンチンの攻撃は、いずれも楽勝だとの見通しに基づいていた。

　情報収集能力が向上したと思われる今日でも、楽勝の誘惑は政府を戦争に向かわせる。アメリカが２００３年３月にイラク攻撃を決定した時、ブッシュ政権の予測は短期楽勝だった。３月17日にブッシュ大統領はテレビ演説で最後通告し、19日に米英軍は「イラクの自由作戦」を開始した。５月１日、ブッシュ大統領は空母エーブラハム・リンカーン艦上

写真７　任務達成（MISSION ACCOMPLISHED）の横断幕の前で、戦闘終結を喜ぶブッシュ大統領（2003年５月１日撮影、©AP／アフロ）

で「任務達成」の横断幕の前で大規模戦闘終結宣言を行った。しかし、その後も戦争は続き、実際に戦闘任務が集結し撤退が完了したのは、２０１１年12月のことだった。１カ月半で終わったかに見えた戦争は、７年９カ月続いたことになる。これは、

3年半続いたあの太平洋戦争の倍以上だ。第2次世界大戦全期間の約6年よりもまだ長い。

開戦当時、軍事における革命（RMA：Revolution in Military Affairs）と呼ばれる新たな戦争技術への期待が短期楽勝の予測につながった。情報技術（IT）がミサイルなどの精密誘導を可能にし、ピンポイントで目標を破壊できると考えられていた。RMA推進派らは、目標を視認できさえすれば破壊できる、とその効果に期待した。加えて、イラク人がアメリカによる占領、復興に抵抗せず歓迎するだろうという予測があった。陸軍が数百万人の兵力が必要だと訴えたのに対し、ラムズフェルド（Donald Rumsfeld）国防長官ら政策担当者たちは、100万人で十分だとの見通しに基づいて攻撃に踏み切った。

楽勝だという見通しだけが戦争の原因ではないが、戦争の見通しが間違っていることが事前にわかっていたら、開戦に踏み切らなかった可能性は高い。そうすると、戦争を予防する方法の1つは、やはり、正しく未来を映す水晶玉を手にすること。そして、戦争の代償が大きく、「戦争が割に合わない」と事前にわかることだろう。この点については、また、後で見ていきたい。

†タイムセールの危険

「期間限定」と書かれた商品には、つい手が伸びるということはないだろうか。「先着20名様」や「タイムセール」はどうだろう。私などは、「限定先着10名様」と書かれた定食をメニューに見つけると、つい注文してしまう。これは、なぜだろう？

１９７３年、第4次中東戦争の後に起こった世界的な石油ショックのさなか、日本ではトイレットペーパーが店頭から消えた。人々は、トイレットペーパーを求めて列を作り、各地で買い占め騒動が起こった。産油国が原油価格を70％引き上げたことを受けて当時の中曽根康弘通商産業相が紙節約を呼び掛けたのがきっかけで、「紙がなくなる」という噂がパニックを引き起こした。２０１１年3月の東日本大震災の後も似たような現象が見られた。ただしこの時は被災地へ送る物資がなくなるから買い占めは控えようという呼び掛けで沈静化した。

早い者勝ち、あるいは、先手必勝が人を駆り立てる背景には、先に行動すれば勝つけれど、出遅れると負けてしまう、という状況がある。今ならば手に入るけれど、後になると人のものになってしまい、もう手に入らない。これが領土だったらどうだろう。片方が早い者勝ちの状況にあっても、開戦を選ぶ蓋然性が高くなるが、双方が早い者勝ちの状態にあるとさらにその傾向は強くなる。待っていたら相手にやられてしまうからだ。

前項で見たのは、戦争で片を付ければ簡単だ、という楽勝の誘惑だった。早い者勝ちの場合は、先制すれば勝てるという誘惑に加えて、遅れたら負けるという恐怖感がある。これが焦りとなって、戦争決定を加速する。『史記』にもあるように「先んずれば人を制す、後るれば則ち人の制する所と為る」である。早い者勝ちの状況で危機が起きた場合、状況は不安定化しやすく、激化しやすい。この問題については、核抑止論が検討される中で、多くの研究者が着目した。国際関係の専門家の中で唯一ノーベル賞（経済学賞）を受賞したシェリング（Thomas Schelling）もその1人だ。この問題は、さらにヴァン・エヴェラ（Stephen Van Evera）らが歴史的な事例を使って検証している。

†早い者勝ちの焦り

早い者勝ちの状態が、戦争の誘因になるにはいくつかの理由がある。もう少し詳しく見ていこう。

早い者勝ちの状態では、まず、互いに自分の意図を隠すようになる。奇襲攻撃が有利なので、手の内を見せると奇襲にならないためだ。意図が明確であることは、戦争を防ぐために重要だ。水晶玉効果の一部だ。「この一線を越えたら軍事力を行使するぞ」と宣言することによって相手を押しとどめ、戦争を回避できる。ところが、宣言すると一線を越えてやって来る敵を奇襲で迎え撃てなくなるので隠すことになる。相手は、一線を引かれていることがわからないので、戦争を覚悟せずに越えてしまう可能性がある。同じ理由から軍事能力も隠すようになる。これも戦争の推移を予測しにくくする。

また、早い者勝ちの状態の特徴は、時間的な制約があるという点だ。これまで見てきた予測の不一致も楽勝の誘惑も戦争の誘因になるが、時間的な制約はない。しかし、早い者勝ちの場合は、今、攻撃する動機を与える。時間的制約があるので、政策決定者らはすべての選択肢を検討せずに戦争を選ぶ可能性がある。戦争は他の策が失敗した後に最後の手段として検討されるべきものだが、時間的制約の下ではその猶予はないかもしれない。外交交渉にゆっくりと時間をかける余裕もなくなる。いつ相手に出し抜かれるかもしれないからだ。手の内を見せないので、交渉は進みにくい。また、不信感が助長される。これらのことが戦争を起こりやすくする。

†機会の窓が閉じていく

この状態は、「機会の窓」という表現でも説明されてきた。窓が開いている時は、戦争に勝てる時だ。そして、最も危険なのは「機会の窓」が閉じかけている時だ。タイムセール終了5分前の状況だ。今はまだ窓は開いているけれど、もうすぐ閉まってしまうという時に開戦への焦りが生じる。

では、どういう場合に早い者勝ちの状態になるのだろうか。早い者勝ちの状態とは、先に攻撃すること、あるいは先に兵力を動員することによって勝利の可能性を高められることを指す。力が拮抗していて、奇襲によって最初に相手の軍事力を破壊できるような場合もそうだ。

まず考えられるのは、最初の攻撃で戦略的に重要な成果を挙げられる状態だ。例えば、戦略拠点を掌握できる場合などが考えられる。先制攻撃が成功すれば、既成事実を作ることができるような場合も早い者勝ちの状況になる。

相手の反撃能力を破壊できるような場合も早いもの勝ちの状況に当たる。最初の一打で、軍事バランスを大きく変えられるようなときだ。例えば、互いに虎の子の核兵器を数発保有している場合などがそれに当たる。核兵器の最初の攻撃（第1撃）に生き残るだけの核弾頭を保有していないような場合だ。シェリングは早い者勝ち状態においては、国際関係が不安定になり、相手が自分の先制攻撃を恐れて自ら先制攻撃を仕掛ける危険が高まると指摘した。

†誤認が生む戦争

本章では、戦争には思い違いがつきものだということを見てきた。楽観や焦り、逆に脅威感が国家と指導者を戦争へと駆り立てる。それでは、これらの思い違いを正す方法があれば、戦争は防げるだろうか。次の第4章では、戦争を防ぐ方法の1つ、抑止について考えてみよう。

第4章

抑止力とは何か?

「万全の備えをすること自体が日本に戦争を仕掛けようとする企みをくじく大きな力を持っている。これが抑止力です。」(安倍首相)

2014年7月1日、集団的自衛権行使を容認した閣議決定後の安倍首相の発言だ。万全の備えをすることがどのように抑止力になるのだろうか? この章では、抑止力について少し詳しくみていこう。抑止力という言葉は少し前まであまり耳にしなかった。鳩山由紀夫元首相が、抑止に言及したのが2010年。沖縄県の米海兵隊の役割が議論されているときだった。安倍首相は抑止力という言葉を頻繁に使う。あらゆる事態に対処できる切れ目のない態勢を作ることによって抑止力が強化される、と集団的自衛権の行使やグレーゾーン事態などで自衛隊の派遣を容易にする安全保障関連の法整備の目的を説明している。

抑止について、まず最初に言えることは、「非常に複雑」ということだ。「抑止が増す」と軽々に言えるようなしくみではない。また、抑止力というのは効いているかどうかを知ることはできない。効いているだろう、と推測するだけである。だからこそ、抑止成功のためには、細心の注意が必要となる。

今日の世界では、大国間の核戦争、全面戦争の可能性は低いと見られている。むしろ、安全保障上、注意すべきことは、小規模の軍事衝突が戦争に激化(エスカレート)しないようにすることだ。そのためには、一方で紛争を激化させることも辞さない態度を取りながら、他方で激化を防ぐ、という至難の業を成功させないといけない。さて、可能だろうか? まず、抑止のしくみから見ていこう。

†抑止のしくみ

現代の戦争は、武器の殺傷力が高くなったため、大国同士の全面戦争の場合、勝ったとしてもその代償はあまりにも大きい。とくに核兵器の出現以降、戦争に勝利するよりも、いかに抑止するかが安全保障の重要な課題になった。抑止は、実際の軍事力行使を伴わない。相手が攻撃を仕掛ける意図を断つことによって攻撃を未然に止めることが目的だ。

抑止のしくみはこうだ。懲罰的抑止と拒否的抑止の2通りある。

懲罰的抑止は、攻撃を意図している側（攻撃側）に対して、攻撃したら報復することを明らかにして思いとどまらせる。殴ろうとしている相手に対して「殴ったら倍にして返してやるからな。それでもいいなら殴ってみろよ。ほら、できないだろう！」と言って諦めさせるのが懲罰的抑止だ。

拒否的抑止は、攻撃側に対して、攻撃しても成功しないから無駄だと知らせて思いとどまらせる方法だ。こちらは殴ろうとしている相手に「殴っても守りが堅いから無駄だ」と言って、例えば硬い鎧を着けていることを見せて諦めさせる。相手の攻撃を退ける（拒否する）防衛力を保有していて、目的を達成することが不可能だと思わせる。あるいは、攻撃によって得られる利益よりも防御によって被る損害が大きいので攻撃が割に合わない、と思わせることによって成り立つ。

さて、ここで前の章、第3章を思い出してほしい。戦争の結果について見通しを誤ることがしばしばあること、楽勝だと思うことが多いこと、について見てきた。抑止が成功するためには、つまり、相手を思いとどまらせるためには、戦わずして、負けること、あるいは、苦戦することを認識させないといけない。

繰り返しになるが、戦争はある日突然起こるものではない。互いにとって重要なモノをめぐり意見の対立があって、外交交渉を続けてきたけれど、すでに解決がつかない抜き差しならない状態に陥っていると考えていいだろう。攻撃を企図している側は、自分の水晶玉を覗いて「これならば成功する」と思っている。それに対して、防御側は別の水晶玉を見せて失敗することをわからせなくてはならない。

†夜中に吠えなかった犬

抑止は、夜中に吠えなかった犬に喩えられる。夜中に番犬が吠えなかったのは、番犬がいるから泥棒が来なくて吠えなかったのか、あるいは、もともと泥棒がいなくて吠えなかったのかはわからない。つまり、泥棒が来なかった理由は番犬がいたからなのかはわからない。泥棒がやって来て、番犬が吠えた時に、初めて泥棒が来たことがわかる。抑止に当てはめると、敵の攻撃があって初めて抑止が失敗したとわかる。抑止が効いている間は、効いているのかどうかはわからない。敵が諦めたのか、それとも、もともと敵には攻撃の意図がなかったのかの区別がつかない。また、事前に抑止が効いているのかどうかもわからない。したがって、抑止力が増加したかどうかも、実は、検証しようがない。

日本が戦後70年間、平和だったのは日米同盟があったおかげだ、という見方がある。つまり、日米同盟が潜在的な攻撃を抑止していたという理屈だ。この理屈に従えば、日米同盟を維持することによって抑止は保たれる。

これに対して、戦後70年間にわたって日本が平和だったのは平和憲法があったからだ、という反論がある。この主張によれば、憲法解釈を変更することによって日本は戦争をする国になるので、平和が損なわれるという。集団的自衛権容認への意見が、賛成、反対に二分されている基にある考え方がこの2つだ。賛成派は集団的自衛権は日米同盟を強化するので平和の維持に貢献する、と考える。一方、反対派は日本が外国の戦争に参加することによって日本が標的になったり、他の国との関係が悪化し平和が損なわれる、と考える。

これまでの平和の理由について、いずれが正しいか、軍配を挙げられない。なぜ、犬が吠えなかったのか、その理由はわからないからだ。ただ、抑止のしくみからすると、両方の要因が重なって平和を維持したと考えるのが妥当だろう。

隣の家の玄関に高価な置物が置いてあったと仮定しよう。それが盗まれないのは、脇でドーベルマンが寝ているからかもしれない。あるいは、隣の人が自分の方からは手を出さない、皆に愛される良い人だからかもしれない。番犬がいなければ、置物に手を出す誘惑は増すだろう。だが、隣人が親切な良い人であれば、その誘惑に負けず良心が勝つ可能性は高くなるだろう。つまり、正と負が合わさって、抑止の効果は増す。この点については、後の項でさらに詳しく考えていきたい。

†抑止が成功するための条件

それでは次に抑止が成功する条件について見てみよう。抑止が成功するための条件として挙げられるものは3つある。第1に相手の攻撃に対して報復する能力、あるいは拒否する能力を保有していて、それを使う意図があること。第2に能力と意図があることを相手に正しく伝達できること。第3に、状況に対する認識を共有していることだ、と考えられている。

この3つの要件のうち、第1の能力と意図があったとしても、問題は第2の要件である、正しい伝達ができるかどうかというところだ。正しいシグナルを送ることができ、相手が正しく受けとめるには、いくつかの要因がある。第3の要件である共通認識は、攻撃すれば多大な損害が待っているが、逆に思いとどまればその損害はそれほど大きくないという状況を共有している必要がある。そこには、攻撃による損害（コスト）と思いとどまることによって得られる便益（ベネフィット）を計算ができるという前提がある。互いに合理的に判断し行動できるということだ。そこには、状況を正しく認識するだけでなく、一定の信頼関係も必要となる。

†シグナルの信憑性

先ほど、人の例を使って説明したが、「殴ってみろよ。できないだろう」と言って相手が思いとどまるとは限らない。「なんだと!?」と言ってさらにいきり立って殴り掛かる場合もあるだろう。この場合、相手はこちらに力がないと思っているか、あるいは口先でハッタリを言っていると思っているか、が考えられる。能力か意図か、あるいは両方に対してこちらの言うことを信じていないのだ。

抑止の成功のためには、能力と意図を持っているだけでは不十分で、それを相手に認識させなくてはならない。そのためには、正しくシグナルを送る方法が確保されていることとシグナルの信憑性が高いことが重要だと考えられている。

それでは、正しくシグナルを送り、相手が正しく受ける要素について見ていこう。いくつか考えられる。①信頼関係の存在、②コミュニケーション回路の確保、③野党の存在、④観衆費用、⑤軍備増強、などだ。

まずは、信頼関係が存在していることだ。対立していても、一定の信頼関係がないと抑止は成り立たない。ハッタリではない、という信頼も重要だが、攻撃を控えれば良い結果が待っていると信じられる信頼も重要である。抑止は、威嚇と安心供与の2つの部分が組み合わさっている。攻撃を思いとどまらないと多大な損害が待っている、という脅し。そして、思いとどまれば、防御側から攻撃することはない、という安心供与だ。とくに、軍事能力はあっても使用を控える場合に信頼は重要な役割を果たす。譲歩しないで激化させる選択肢と譲歩する選択肢がある場合に、譲歩しても悪いようにはならない、という信頼がないと後者は選ばれない。そのためには、どこかの時点で、非妥協的な態度を競う対立的な関係から脱却し、信頼関係を構築する必要がある。とくに、早い者勝ちの状況や紛争が不可避だと思っている状況では、信頼関係がなければ、攻撃を仕掛ける可能性は大きくなる。

†コミュニケーションの重要性

第2の要素は、コミュニケーションが取れる方法が確保されていることだ。これには、ホットラインや軍同士の交流などがある。

日頃からコミュニケーションが取れる状態にないとシグナルは正しく受けとめられない。米ソは冷戦時代、対立していたが、軍縮交渉を通して互いの軍備に関して情報交換できた。意思疎通の道が開かれていることが重要だ。歴史上核戦争勃発に最も近い危機だったと言われる1962年10月のキューバミサイル危機は、ソ連がキューバに核ミサイルを運搬し配備しようとしたことから起こった。核戦争間際の恐怖を体験した米ソの指導者、ケネディ大統領（John F. Kennedy）とフルシチョフ第一書記（Nikita Khrushchev）は、意思疎通、通信方法の確立に乗り出す。63年7月には、首脳同士を結ぶ直通電話回線、ホットラインの設置に合意する。現在のホットラインは電話だが、当時は、タイプライター式のテレックスのような文字通信だった。63年8月には、大気圏内や水中の核実験を禁止する部分的核実験禁止条約（ＰＴＢＴ：Partial Test Ban Treaty）を締結した。その後、軍縮、軍備管理の交渉を通じて、米ソは対立しながらも、互いの意思を確認する場を維持した。

†日中ホットライン

日本もいくつかの国との間にホットラインをつないでいる。中国もその1つだ。首脳間のホットラインは1998年に合意し、2000年に開通した。これまで、就任挨拶などで使われたことはあるが、危機に際して使用されたことがあるかどうかは明らかにされていない。使われたことがない可能性が高い。電話を掛けて、相手がその電話に出て話に応じることが危機管理には非常に大事だが、日中間でその環境が整っているとは言いがたい。

日中に限れば、外交のパイプも太くない。また、これまで正しいシグナルのやりとりができていないことが露呈している。2012年9月、日本が尖閣諸島の国有化に踏み切る直前、日本は、中国側が国有化を了承しているというシグナルを受けていると認識していた。一方、中国は日本には国有化すれば日中関係が悪化するというシグナルを送り理解を得ていると思っていたという。日本側は2つの別個のルートから了承を得ていると考えていたというが、結果的にこれは誤りだった。当時のアメリカ政府高官によると、アメリカは中国から異なった情報を得ていたといい、日本政府の決定を懸念していたという。

†軍による信頼醸成

冷戦後、多くの国が積極的に軍隊同士の交流に取り組むようになった。信頼醸成措置（CBM：Confidence Building Measure）と呼ばれ、その目的は、互いの意図を読み間違えないようにすることだ。とくに、冷戦後、誰が敵で誰が味方なのか分かりにくい不確実な時代になったことが影響していた。

軍備の実態や意図について透明性を上げることが、不信感の払拭に役立つとともに、誤認による戦争を予防すると考えられた。当初は、他国に手の内を明かすことに反対もあったが、誤認を防ぐことの方が重視された。アメリカは、とくに中国などに透明性向上を働き続けてきた。中国は、弱点を見せるとそこを突いて攻撃されるのではないか、と透明性を警戒した。「アメリカは、ボディビル大会に出られるような肉体が自慢だから見せびらかしたいのかもしれないが、中国は自分の身体が恥ずかしいので隠したいのだ」というのが中国の軍事関係者が抵抗するときの説明だった。その中国も透明性の効用を認めるようになっている。透明性というのは、第3章で紹介した水晶玉から曇りを取り除くことだ。

自衛隊も多くの国の軍隊と防衛交流を進めている。２０１４年現在、自衛隊は約40カ国の軍隊と交流している。東アジアだけでも、豪韓印中ロとＡＳＥＡＮ加盟国などと交流がある。その内容は、艦艇訪問からスポーツ交流、互いの学校への派遣や会議参加などさまざまだ。中国とも防衛大臣の会談から自衛隊と軍のトップの会談、部隊訪問や軍と防衛省の研究者交流、留学などさまざまな交流がある。筆者もかつて防衛研究所にいた頃は、中国軍所属の研究者らと交流し、大佐クラスの軍人たちを自分の学生として論文指導していた。

問題は、日中の場合、政治的な問題が起きると防衛交流が止まってしまうことだ。危機が起こる危険がある時にこそ、意思疎通ができ、交渉を続ける方法が確保されている必要があるのに、これが遮断される。２０１２年の尖閣諸島国有化以降、大臣級、次官級を始め自衛隊と人民解放軍のトップなど、ほとんどのハイレベル協議が中断した。海上における危機管理の必要性から08年から開始した日中防衛当局間海上連絡メカニズム協議も中断してしまった。再開のメドが付いたのは、政治的な状況に好転の兆しが見えてからだ。日中高級事務レベル海洋協議会は14年9月に2年ぶりに開かれ、海上連絡メカニズムを早期に運用することで協議を再開することが原則合意された。14年11月に北京で開かれた日中首脳会談でも安倍首相と習近平国家主席が、連絡メカニズムを進めることを確認した。

米中防衛交流は、日中交流よりも密だ。アメリカの台湾への武器売却などに中国が反発して一時的に中断することはあっても、交流が確立している。1996年3月の台湾海峡危機は、中国のミサイル発射演習に対しアメリカが空母戦闘群を2個台湾近海に派遣したものだが、危機と言われた間も米中間では通信が続いていたことが知られている。

2001年4月に中国軍のF－8戦闘機が中国の海南島沖で米軍の電子情報偵察機EP－3と衝突した。これを教訓に米中は、1998年に締結した米中軍事海事協議協定（MMCA：Military Maritime Consultative Agreement）に基づく話し合いを続けている。話し合い自体は、多くの成果を得たという状況にはないが、海洋に携わる担当者が定期的に話す場が設けられていることの意義があると考えられている。

2014年11月の米中首脳会談では、相互信頼を増すための2つの覚書が発表され、ヘーゲル国防長官と常萬全国防部長が首脳会談に先だって署名した。重大な軍事行動の相互通告など信頼醸成措置メカニズム（CBM）に関する覚書と、海と空における遭遇の安全行動規範に関する覚書だ。CBMの覚書では、相互通告に加えて、互いの軍事演習を見学し透明性を高めることなどを合意した。日中間では、いずれもまだ合意も、しくみもない。

†野党やマスコミの声

国内に政府から独立した勢力が存在することも信憑性を高めることに効果的だと考えられている。野党やマスメディアの存在だ。政府の指導者が「報復する」と強い態度に出ても、野党や世論が戦争に反対していたら、ハッタリにすぎないと相手に思われるため、弱いシグナルにしかならない。他方、政府の意見と野党や世論が一致していたらそれだけ信憑性は高くなる。

日本を例に考えてみよう。例えば、安倍首相が「日本は脅しにはけっして屈しない。攻撃されたら反撃し、報復する」と言ったとする。これに対して、野党の民主党が賛成し、産経新聞や読売新聞だけでなく、朝日新聞や毎日新聞も社説で戦争を支持したら、日本が戦争も辞さないというシグナルは信憑性が高まる。逆に、野党が戦争に反対し、交渉による解決を主張し、新聞各紙も自制を促し、与党の自民党の中からも反対論が出たら、首相の発するシグナルは信憑性が低くなる。

言論の自由がない非民主主義国家だと政府の意見に反対する野党やマスコミがいないので、シグナルがわかりづらい。攻撃する、という言葉も、攻撃しない、という言葉も、どちらも信憑性が高くない。

†観衆費用が信憑性を上げる

「攻撃すれば報復する」と指導者が言って、それを反故にしても政治的なコストが伴わなければ言うのは容易い。政治家の言葉は軽い、ということになる。この場合、潜在的な攻撃国も口先だけの脅しだと受けとめる可能性がある。そうすると、抑止は成功しない。

では、実行しなければ首相の座を失うことになったらどうだろう？　政治生命を懸けて言う言葉は重い。口先だけで有言不実行の指導者は、選挙民の支持を失い次の選挙で落選するかもしれない。政治生命を懸けることによって相手国に自らの決意を信憑性のある形で伝えることが可能になる。潜在的な攻撃国はハッタリではないと考え、シグナルの信憑性は高まる。

このように、政策を宣言するとそれを履行しない場合にコストが生じる。これをフィアロン（James Fearon）は観衆費用（audience cost）と呼んで抑止力との関係を説明している。観衆費用を伴う場合、その費用が大きければ大きいほど、信憑性は増す。

一般的に民主主義国の指導者の方が、国民からチェックを受けているので、観衆費用は高くなる。したがって、民主主義国家の方がシグナルを的確に発することができ、抑止能力が高いと考えられている。第1章で触れた民主主義国家同士が戦争しない民主平和の要因の1つが観衆費用によるシグナルの信憑性だと考えられている。

†軍備増強も信憑性を上げる

信憑性を上げる、もう1つの方法は、実際に軍事的な準備をすることだ。軍備増強や、軍事演習、軍隊の動員などが考えられる。軍隊を海外に駐留させ前方展開することによって介入の意図を明確にすることも考えられる。米軍が沖縄に駐留しているような例だ。

例えば、尖閣諸島の防衛の場合、日米が離島防衛の想定で共同訓練を実施したり、自衛隊が尖閣諸島周辺の宮古島や先島に駐留すれば、防衛する意図の信憑性は上がる。

ただし、同時に、政治的な対立と緊張は増し、2国間関係は悪化することを覚悟する必要がある。第6章で見るように安全保障のジレンマという新たな問題が生じ、戦争の原因となる恐れがある。

†核抑止と通常兵器による抑止

さて、ここで核兵器による核抑止について見てみよう。戦争を予防するのに有効な水晶玉効果は核抑止で最も顕著だと考えられる。これに比べて、核の傘や、核兵器以外の通常兵器による抑止や小規模紛争の抑止がなぜ難しいのかについても考えてみたい。

抑止の考え方はもともと核兵器による抑止を念頭に冷戦時代に発達した。水晶玉効果は、そこに見える景色が、悲惨であればあるほど効果が高い。核兵器が抑止力として効果的だと考えられるのはそのためだ。核兵器よりも殺傷力の低い通常兵器の場合、その効果は不確実になる。

核兵器を使った抑止戦略の考え方に相互確証破壊（MAD：Mutual Assured Destruction）がある。どちらかが攻撃を仕掛けると報復を招き、双方とも確実に破壊されることになるので、攻撃が抑止される状態だ。MADが成り立つためには、双方が先制攻撃（第1撃）を生き残る第2撃能力を保有している必要がある。これを「残存性」という。米ロに置き換えて考えると、ロシアがアメリカを核攻撃した場合、ロシアが第1撃でアメリカの核弾頭を全て破壊しない限り、アメリカには報復する第2撃能力が残っている。生き残った核兵器で、例えば首都モスクワを攻撃すればロシアは多大な損害を被ることになる。つまり、どちらかが核攻撃を始めれば、結局どちらも耐え難い損害を受けるので、最初から核攻撃を思いとどまり、抑止が成り立つ。天に唾する状態だということだ。冷戦時代、それぞれ6000発以上の核弾頭を持った米ソが核兵器で攻撃し合えば地球が何回も破壊される、と言われていた。2014年現在でも、アメリカが約2000発、ロシアが約1600発の戦略核弾頭が運用態勢にあると見られている。予備の弾頭を含めると1万5000発以上保有していると推定されている。水晶玉に映る景色は、双方を抑止するに足るものだ。

冷戦時代に対立していた頃でも、米ソは相互確証破壊の状態を保障する措置をとってきた。互いの第2撃能力を奪わないようにしていた。互いに脆弱性を残すことによって安全を確保した。例えば、1972年に締結されたABM条約（Anti-Ballistic Missile Treaty）はその1つだ。戦略弾道ミサイルを迎撃するミサイル防衛システムの開発、配備を制限した。先制する側が盾を持っていたら、報復攻撃に対して脆弱でなくなり、相互確証破壊の状態を維持できないからだ。なお2002年にアメリカはABM条約から脱退し、ミサイル防衛の開発・整備を続けている。北朝鮮などによる核兵器の拡散に対抗するための措置だが、ロシア、中国はアメリカの脱退を批判している。

†核の傘のしくみ

日本は核兵器を保有していない。核抑止は、アメリカに依存することになる。いわゆる「核の傘」だ。日本に対する核攻撃を抑止する場合、アメリカが直接狙われているわけではないので、これを「拡大抑止」という。ロシアが日本を攻撃しようとする場合、日本を攻撃したら日本に代わってアメリカがロシアを核で報復攻撃する、という能力と意図を示して抑止する。

拡大抑止は、相互確証破壊の場合よりも少し確実性が低い印象を受けないだろうか。ロシアがロサンゼルスを攻撃したら、アメリカが報復攻撃をしてくるのはあまり疑う余地がなさそうだ。つまり信憑性がある。しかし、ロシアが名古屋を攻撃してアメリカはロシアを核攻撃するだろうか？　アメリカが攻撃すれば、こんどはロシアがアメリカを標的にする。アメリカにとって名古屋はロサンゼルスを危険に晒すほど大事だろうか？　ここに疑問が湧けば抑止は成立しない。

冷戦時代は、拡大抑止についても大きな疑いはなかった。米ソはそれぞれの陣営を率いて世界を二分する競争をしていた。それは単なる力の争いではなく資本主義と社会主義という、経済のあり方や統治のあり方から日々の生活のあり方にまで及ぶイデオロギーの争いだった。したがって、日本を守らないということは西側陣営の重要な一部が欠けることを意味するので、日本のために報復しないことは考えられなかった。また、日本を守らないとなると、アメリカの報復意図に疑いの余地が生じる。信憑性を維持するためには、日本を含め、同盟国のために報復しないという選択肢はない。

†冷戦後の核の傘

東西冷戦は20年以上も前に終結した。もはやアメリカとロシアが世界を二分して競っているような状況にない。アメリカにとって日本の戦略的な価値は、冷戦時代に比べて下がっている。日本にとってもそれは同様だ。そのため冷戦後1990年代半ばまでは日米関係が悪化した。共通の敵がいなくなり、それぞれの利益を優先するようになった。90年代後半からは、日米双方の外交・防衛担当者らが同盟漂流に歯止めをかけ、同盟を繋ぎ止める幾つかの装置、しくみを作って同盟の維持に努めてきた。先に述べたように、変化としては日本の負担増加が多く、思いやり予算の範囲と金額の拡大、周辺事態における後方支援、テロとの戦いやイラク復興支援などへの参加もそれに当たる。問題は、日本の防衛協力の増加が核の傘を担保するのに十分なのか、ということだ。

冷戦後、米ロ間の核戦争の可能性は極めて低い。アメリカの専門家の中には、ロシアの核戦力が衰退しMADの状態はすでに崩れつつあり、アメリカが第1撃でロシアの核戦力を破壊することが可能だと分析する人もいるが、一般的にはアメリカがロシアに対して先制攻撃を仕掛ける可能性は低いと考えられている。ただし、抑止が効くためには、いざとなったら核兵器使用も辞さない態勢と意図を示すことが必要だ。米ロの対立はあるが、かつてのような敵対関係にはなく、全面的な戦争は考えにくい。すると矛盾するようだが、核抑止の効力は逆に下がる可能性がある。

†中国の核戦力

中国の場合はどうだろうか？　中国は、2014年現在、約190発の戦略核弾頭を含む約250の核弾頭を保有していると推定される。大陸間弾道弾（ICBM：Inter-Continental Ballistic Missile）は約66基保有していると推定されている。先に見たように、これに対してアメリカは、運用態勢にある戦略核弾頭だけでも約2000発、ICBMは約450基を保有している。中国の核戦力はアメリカに比べてはるかに劣っており、MADの状態にはない。中国がアメリカに対して第2撃能力があるかどうかも議論の分かれるところだ。つまり、アメリカが中国に対して核の先制攻撃を仕掛ければ第1撃ですべての核弾頭を破壊し、中国は報復できない可能性がある。中国の核戦略は最小限抑止(minimum deterrence)と言われ、アメリカに1発でも多大な損害を与える報復攻撃ができれば、抑止できる、というものだ。報復するための核戦力が、ひょっとしたら1発どこかに残っているかもしれない、とアメリカに思わせることによって抑止を目指す。

核兵器の残存性を高めるためには、破壊されないように隠す必要がある。最も有効な方法は原子力潜水艦に搭載することだ。例えば、イギリスはすべての核兵器を潜水艦に積んでいる。フランスも核兵器を潜水艦と戦闘機に積んでいる。4隻の原潜のうちの少なくとも1隻が常時大西洋のどこかにいることで、フランスは核抑止力を維持している。

中国は2014年現在、弾道ミサイル搭載原子力潜水艦(SSBN)を4隻運用している。「夏(Xia)」級1隻と「晋(Jin)」級3隻だ。晋級は射程約8000キロのJL-2(巨浪2)を搭載しているが、まだ実用化には至っていないと見られる。また、夏も晋も静粛性に問題があり、1970年代のロシアの潜水艦に比べても音が大きいという報告がある。地上発射の戦略核は可動性が低く、破壊されやすい。これらも残存性を高めるために、燃料の固形化を進め、発射台付き車両（ＴＥＬ：Transporter Erector Launcher）で移動できるように改良するほか、弾頭のＭＩＲＶ（Multiple Independently-Targetable Reentry Vehicle 多弾頭個別誘導再突入ミサイル）化の実現に取り組んだりしている。だが、当面中国はアメリカに対する相互確証破壊の状態にはならないと考えられている。

†相互確証破壊にない米中

相互確証破壊の状態にない米中の核抑止はどのような状態にあるだろうか？　一般的にアメリカが圧倒的な優位にあるので、アメリカの対中抑止は効いていて、中国は抑止されると考えるのが妥当だろう。しかし、中国がアメリカの意図をどう見るかによって、危険はゼロではない。

１つは、中国が、アメリカは核の先制攻撃を行う可能性があると考えている場合だ。中国の対米抑止は不完全である。アメリカは中国の核攻撃に対して脆弱でないため、逆に不安定になり得るという見方がある。中国はアメリカの先制攻撃を抑止する能力が十分でない。アメリカのある研究によると、アメリカは第１撃でロシアと中国のすべてのＩＣＢＭを破壊する能力があるという。冷戦後も核戦力を増強させたアメリカに対して、ロシアはソ連時代に比べて、2006年時点で長距離爆撃機を約6割に、ICBMは4割に、SSBNは2割に削減している。中国も改良は続けているが、そのペースは遅い。加えて、通常兵器でも中国はアメリカに大きく劣っている。ミサイル防衛も開発・配備している。

さらに、アメリカの世論に関する研究によると、国民の51％が、核兵器が通常兵器に比べて軍事的に効果的ならば核兵器の使用を好む（prefer）、と答えている。効果に差がなくても19％が核兵器を好み、48％は核の使用を容認（approve）すると答えている。アメリカが核の先制攻撃を行う可能性があると中国が考えれば、攻撃される前に核兵器を使う可能性はある。待っていたら、中国側の核兵器使用の選択肢（核オプション）はなくなってしまうからだ。冷戦期の米ソの場合は、アメリカがソ連の核攻撃に対して脆弱だったことによってソ連はアメリカが核を使わないという安心があった。中国の場合は、その安心がない。アメリカが核戦力で圧倒的に優位にあるためだ。アメリカから核攻撃を受けるかもしれないという脅威認識が高ければ、通常兵器で開始した戦争でも、中国の能力が劣っているため、核兵器を先に使う誘惑は強くなる。ただし、中国が核で先制してもアメリカの報復能力（第2撃能力）は残るので、中国は殲滅を覚悟しないといけない。

これとは逆にアメリカの意図が弱いと考える可能性もある。1995年、中国人民解放軍の熊光偕副参謀長が米国防省の元高官に「アメリカは台北よりもロサンゼルスのことを心配すべきだ」と言って暗に台湾への介入を止めようとした。この発言が抑止の観点から問題になるのは、中国がアメリカに核の脅しをかければアメリカの通常兵器による介入を抑止できると考えている点だ。そして、中国がロサンゼルスを核攻撃してもアメリカは報復しないと考えている可能性がある点だ。

核の傘は本当に掲げられているのか。つまり、アメリカは日本のために本当に核兵器で報復してくれるのか、という疑問はしばしば議論される。日本人が核の傘に疑問を抱いているということは、潜在的な攻撃国にとっても同様で、それだけ信憑性にほころびがあり、抑止力が弱くなっている可能性がある。

†通常兵器による抑止

通常兵器による抑止は核に比べて難しい。その破壊力が限定的なので、水晶玉効果が薄い。冷戦時代は、通常兵力による攻撃であっても、米ソ超大国が関係する場合は、核戦争にエスカレートする恐れがあるので通常兵器による攻撃も抑止される、と考えられていた。想定されるシナリオは以下のようなものだ。この場合、A国とB国は、相互確証破壊の状態にある。A国がB国に通常兵器による攻撃を仕掛ける→B国は通常兵器で応戦する→戦闘が激化する→A国が核兵器で攻撃を仕掛ける→B国が核兵器で報復する→相互確証破壊。したがって、A国は最初の段階で抑止される。

これが、C国に関する場合だともう少し複雑だ。しかし、冷戦時代はC国がどちらの陣営にいるかによって世界的な勢力均衡を崩す可能性があるので、C国がAかBの同盟国の場合は抑止が成り立つと考えられる。

さて、先ほど書いたように冷戦後の通常兵器による抑止は、もう少し不確実だ。米ロは、ウクライナ情勢などで対立することはあるものの、ソ連の時のような敵同士ではない。したがって、通常兵器による紛争が核戦争に直結している、という状態にはない。そのこと自体は世界にとって良いことなのだが、抑止の観点からは、米ロが直接に関係しない場合、通常兵器による攻撃を抑止しにくい状況を意味する。抑止するためには、それぞれの紛争で、個別に抑止する必要がある。

通常兵器による抑止は、主に拒否的抑止による。成功しないということを事前に示す方法だ。しかし、潜在的な攻撃国に成功しないと認識させるために、どの程度の損害があると示せば思いとどまらせることができるかについては定式があるわけではない。

アメリカの2010年の国家安全保障戦略は、それぞれの状況に応じた抑止（tailored approach）をとるべきだと提唱しているが、具体的な方法については言及していない。アジア重視を打ち出した12年の防衛戦略（Defense Strategic Guidance）は、抑止について、攻撃国（侵略国）が目的を達成する見通しを否定し受容できないコストを強いる能力を保有することによって抑止が可能だとしている。アメリカの安全保障専門家の中には、目的達成が成功しないかもしれないという疑問を与えることによって好ましくない行為を予防できる、という意見もあるが、疑問を与えるだけで抑止に十分かどうかは疑わしい。他方、将来にわたっても攻撃してこないように抑止する必要性と能力の保有を提唱する専門家もいる。この場合は、体制変革まで実現する能力が必要となる。

30%で抑止成立?

冷戦時代、日本の自衛隊は有効な拒否的抑止を発揮するために、敵戦力の30%を撃破する能力を基準にしていたといわれる。1983年には、海峡通過のケースについて、国会で当時の中曽根康弘首相がこれに言及している。中曽根首相が日本の防衛協力について訪米中に「不沈空母」と発言し、海峡封鎖との関連で質問された。この数字の根拠は明らかではない。ただ、過去の戦争を見ると30‐40％破壊されると作戦を断念する、という史実に基づくという。例に挙げられたのは、第1次、第2次世界大戦におけるイギリスのドーバー海峡封鎖などだ。

ここで、注意しなくてはいけないのは、実際の戦争で、兵力を30％破壊されて断念した事例がある、ということと、防御側に30％破壊する能力があれば、未然に抑止できることとは、まったく違うということだ。

また、30％あるいは3分の1という数字も注意が必要だ。攻撃側が成功するためには防御側の3倍の戦力が必要だという目安が各国の軍で慣習的に使われてきた。この3倍という数字は、もともとは陸上戦で平地の国境線を突破するのに必要な戦力として過去の経験から算出された。防御された前線を突破するには、1点に兵力を集中させる必要があり、これが3対1だと考えられた。しかし、その後の研究ではこの3対1基準にも疑問が投げられている。にもかかわらず、この3対1のルールは今でもよく引き合いに出されている。しかも、まったく条件の異なる航空戦や着上陸侵攻などに必要な戦力を算出する場合にも安全保障の専門家らは引用することが多く、混乱が見られる。3対1が、そもそも対象としているのは陸上の突破戦だけだからだ。

拒否的抑止が成功するために必要な戦力を算出するためには、抑止が成功した事例と抑止が失敗した事例を基に分析する必要がある。しかし、ここで問題となるのは、「吠えなかった犬」の問題だ。抑止が成功した事例は、事例としては上がってこない。戦力比が不利だったので攻撃を仕掛けなかったのかどうかを検証するのは難しい。実際に攻撃を仕掛けた（つまり抑止が失敗した）ケースは、どの程度の犠牲を伴うと予測した結果だったのか。30％を破壊する能力を示せば、抑止が成功するかどうかを事前に確認するのは難しい。

攻撃によって得られる利益（便益）よりも代償の方が大きいことを説得すれば抑止は成功する、と抑止論研究の第一人者であるジョージ（Alexander L. George）とスモーク（Richard Smoke）は述べている。確かにそうだが、どうやったら説得できるかは容易にはわからない。

†小規模の侵害を抑止する難しさ

ここで、現在の日本の議論に戻ろう。日本が増強しようと考えている抑止力は、主に通常兵器による攻撃に対する通常兵器による抑止力だ。しかも、本格的な侵攻ではなく、当面は、南西諸島、とくに尖閣諸島への不法行為・侵攻の抑止を目的にしている。ここで問題となるのは、小規模な侵害を抑止することが大変に難しいということだ。

小規模な侵攻を抑止することが、なぜ難しいかというと、多大な損害が見込まれないからだ。例えば、本格的な侵攻の場合は、防御し反撃しないことは考えられない。ところが、小規模の侵害の場合は、被害が小さい分、反撃の度合いが不明瞭だ。また、同盟国が防衛に参加するかどうか、も曖昧だ。不確実なため、攻撃側に疑いが生じ、反撃しないのではないか、という楽観論が起こる余地が生じる。「あんな領土のために、まさか、戦争まではしないだろう」という疑いが抑止を難しくする。

日米中を例に少し詳しく考えてみよう。当面、日本の安全保障上の課題の1つは中国の南西諸島への武力攻撃を抑止することだ。政府が、本格的な侵攻の可能性は低いとみていることは、防衛大綱からも読み取れる。防衛大綱は、2010年まで限定小規模の着上陸侵攻を抑止し、抑止に失敗した場合は防衛できる軍事能力の保有を目指した。その後、10年（平成22年）に改定された大綱（22大綱：フタフタタイコウ）も13年（平成25年）に改定された25大綱（フタゴウタイコウ）も日本に対する大規模な侵攻の可能性は低いとして、侵攻に備える軍事能力（いわゆる正面装備）の保有を修正している。それに代わって、南西諸島の警戒・監視、島嶼部の侵攻の阻止のための装備を強化している。例えば、25大綱では、戦車を約400両から約100両減らした。

日本の基本的な対応としては、警戒・監視を強化して、島嶼部に侵攻の兆候がある場合は速やかに対処できる態勢を取ることを目指している。その後ろには、米軍が控えているという状況で、侵攻を抑止することを目指している。

尖閣諸島への攻撃について、烈度（戦いの激しさ）の低い順から並べると、尖閣諸島への上陸から、島の上での戦闘、周辺に展開した海上保安庁や自衛隊の船舶・飛行機への攻撃、沖縄への攻撃、本土への攻撃、全面戦争、米中間の核戦争まである。誰も尖閣諸島への上陸や攻撃が核戦争までエスカレートするとは思っていない。「離島をめぐる争いで、まさか核戦争まで行くわけがない」というのが大方の予想だろう。全面戦争も考えにくい。だから、上陸と全面戦争の中間のどこかで戦争は収束すると考えている。しかし、事態は自動的には収束しない。これ以上進むと日本（日米）は、中国側に対してさらに反撃するから中国側の被害は大きくなるぞ、と脅しながら、事態がそれ以上進むのを止める、という複雑なことを成功させなくてはならない。

日本側は中国側に多大な損害が出ることを認識させないといけない。この場合は懲罰的抑止ではなく、目的が成功しないと事前に示す拒否的抑止だ。中国がどれくらいの損害を被る用意があるか、つまり中国にとって耐え難い損害がどのくらいかによって、抑止するために示さなくてはならない能力と意図は異なる。前の項で書いたように戦争に楽観はつきものなので、中国が楽観して攻撃を仕掛けて来ると想定すると、相当の被害があると明示しないかぎり思いとどまらない可能性がある。

アメリカ政府のある高官は「中国との戦争はコストが多大だけれど、抑止はそんなにコストがかからない」と話していた。たしかに、抑止が成功すれば戦争は起こらないので、コストは低い。だが、いざとなれば戦争のコストを負う覚悟が防御側にあることを相手が認識するから抑止が成立する。抑止はコストが低いという程度の覚悟では、ハッタリだと思われ抑止が成功しない可能性がある。中国を敵視する必要はないが、抑止が簡単で安上がりだという考えも誤った楽観かもしれない。

†尖閣紛争シナリオ

抑止をしようとする時に、まず考えないといけないのは、具体的にどのような行為を抑止するのか、ということだ。日本にとって最も望ましい状況は、中国公船が尖閣周辺の領海（領土から12海里＝約22・2キロ）、接続水域（領海の外側12海里）に入らないことだ。

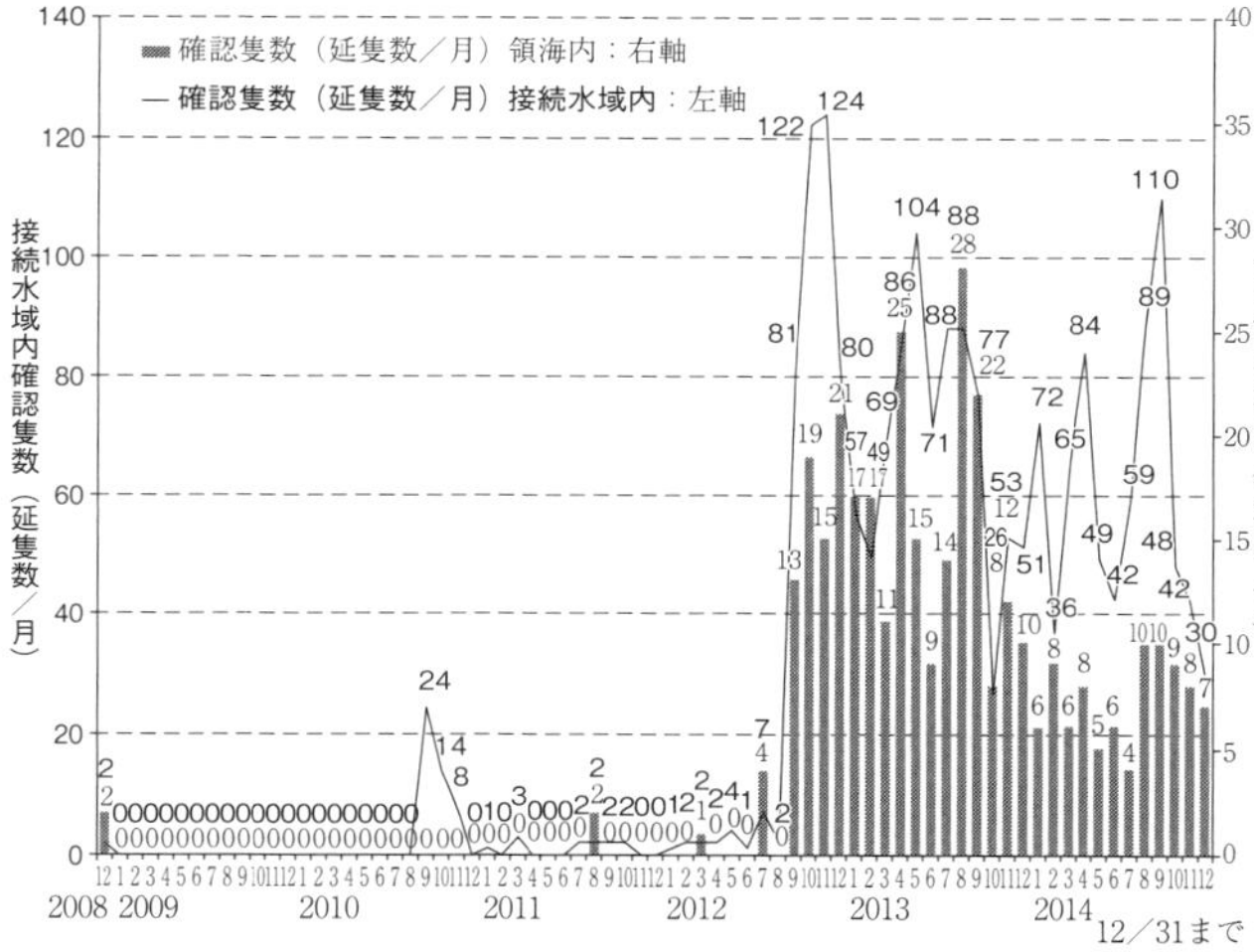

図4　中国公船等による尖閣諸島周辺の接続水域内入域及び領海侵入隻数（月別）
出典：海上保安庁　http://www.kaiho.mlit.go.jp/senkaku/

２０００年代は、日本が尖閣諸島周辺を海上自衛隊のＰ３－Ｃ哨戒機などでパトロールするだけで、中国の公船（海洋調査船）は周辺海域に近づかなくなったという。10年以降、頻回に日本の領海と接続水域に立ち入るようになったことから、パトロールだけでは公船の進入を抑止するには不十分になったといえる。中国の能力が増大したか、中国にとって尖閣の価値が高まり、より大きな代償を払ってもよいと考えるようになったかが考えられる。12年以降、公船の進入を抑止することは困難な状態だ。

そうすると、抑止の対象となる行為としては、まず島への上陸、そして島の実効支配が挙げられる。

日本としては紛争を局地的に収拾させる一方で、中国に成功する可能性はないと認識させる必要がある。その方法としては、中国軍が尖閣諸島に上陸した場合には、中国が島の占領に成功しないばかりか、島を支配し続けるのは不可能だと認識させることだ。

中国側が島に上陸したシナリオを仮定して考えてみよう。

中国の法執行機関の人員あるいは民間人が上陸を試みたら、まず日本の警察および海上保安庁が対応する。場合によっては自衛隊が出動することも考えられる（治安出動や海上警備行動など）。

もし中国軍が上陸したら警察・海上保安庁と自衛隊で排除する。軍の組織的な行動ならば、自衛隊が前面に出て防衛に当たる。空挺や強襲揚陸艦などで島に人員を送り、島の奪還を目指す。島に上陸した部隊を目指して事前に砲弾、ミサイルで船、空、宮古島などから攻撃することも考えられる。

中国側は、島の実効支配を目的に軍を送った場合、島を支配し続けようとすることが考えられる。日本の奪還を阻止するために、島の上での陸上戦闘で勝つことも考えるだろうが、空挺部隊が島に接近するのを阻止しようと考えるだろう。また、島に上陸した人員に水と食糧を補給する必要がある。尖閣諸島には飲める水はなく、日本の右翼団体が放したヤギが棲息するが、土壌の関係でその肉は食べられないと言われている。中国がこの2つを実行するためには、中国は日本の空挺部隊と強襲揚陸艦の島への接近を阻止し、補給用の船が日本側によって阻止されないようにする必要がある。

†制空権の争い

このように双方の軍事的な目的を考えると、島に飛行機やヘリコプター、船が接近できないようにする必要があり、尖閣周辺の制空権、制海権の確保の競争になることが予想される。

第1章のアメリカのコモンズ（公共空間）の支配の項で書いたように、制空権（航空優勢：air superiority）、制海権（command of the seas）とは、ある一定の空域、海域において敵対勢力の妨害を受けずに行動の自由を確保することを指す。敵対勢力に妨害されずに作戦を遂行するためだ。制空権の場合だと、敵対勢力の戦闘機を撃墜し、海上、地上からの

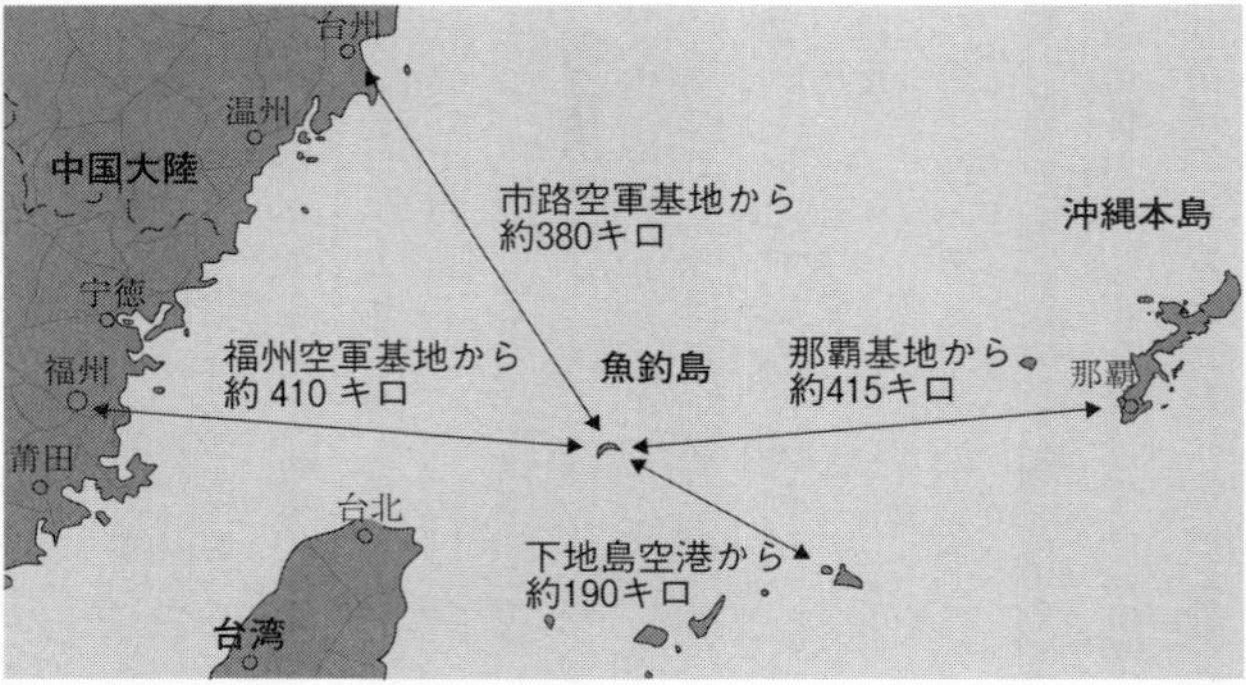

図5　尖閣諸島・魚釣島までの距離

ミサイルを破壊することが必要となる。

このように見ていくと、島への上陸から戦闘機同士の戦いまで、あっという間に紛争が激化する可能性があることがわかる。

制空権を取るということが、具体的に何を指すのか、もう少し詳しく見ていこう。

通常戦力の場合、一撃で敵対勢力を破壊するということは考えにくいので、一定時間をかけてどちらかが制空権を握ることとなる。攻撃側は、防御側の防空網をくぐって空域に侵入し制圧を目指す。防御側は、まず戦闘機が領土から最も離れた外側で防衛線を張る。敵対勢力の戦闘機を撃墜し侵入を阻止する。外側の防空網を戦闘機に突破された場合は、海上、陸上からの防空となる。海上からはイージス艦など護衛艦から撃墜を図る。イージス艦は、弾道ミサイルの迎撃用（ミサイル防衛）に開発されてきたが、もともと、飛行機や対艦ミサイルに対して優れた防空能力を持っている。

†離島は遠い

離島の特徴は、どこからも遠いということだ。例えば尖閣の場合、自衛隊の航空基地がある那覇からは約415キロ、中国本土の空軍基地からは約380―410キロある（図5）。もう1つの特徴は、面積が小さいということだ。尖閣諸島で最も大きい魚釣島でもその面積は、3・82平方キロ。しかもごつごつと岩が切り立っている。

通常、戦争は防御側が有利だ。攻撃目標が那覇だった場合、日本側は戦闘機による防空、海上からの防空に加えて、地上から中距離地対空ミサイルや短距離ミサイルで防空できる。補給にも困らないし、戦闘機の整備も容易だ。戦闘機同士が衝突（会敵）する空域まで日本側は燃料の補給なしになんどでも飛行できる。同じ100機の戦闘機を保有している場合、1日に2度、3度と飛び立つことができれば、200機、300機保有しているのと同じだ。飛行距離が短ければ損耗が少なく整備にも時間がかからない。それに比べて飛行距離が長いと整備に時間がかかり、1日に1回しか飛べない可能性がある。尖閣諸島の場合は、日本が島に対空ミサイルを設置するなど、基地を設けていないので、防御側の地の利は働かない。これは、日本が中国との関係を悪化させないための政治的な判断の結果だ。

日本と中国が保有する戦闘機の戦闘行動半径は、双方とも約1500キロ。尖閣は射程に入る。尖閣諸島までの距離もだいたい同じなので、条件は同じになる。単純に考えれば戦闘機を多く持っている方が有利で、制空権を握る可能性が高くなる。2014年現在、中国が保有する新鋭の第4世代戦闘機は約600機、日本は約200機だ。現在の戦争は、戦闘機だけで戦うのではなく、早期警戒管制機（AWACS：Airborne Warning and Control System）や衛星と繋いで標的を定めるなど種々の兵器体系を組み合わせて戦う。もっと言えば、それらを破壊しないと敵を退けるのは困難だということになる。

†基地への攻撃

戦闘機主体の戦いで制空権を取れない側は、基地への攻撃へ1段階エスカレートする可能性がある。戦闘機を尖閣諸島周辺の空域で待ち受けて撃墜するよりも、発着する飛行場を破壊した方が効率良いと考えるからだ。仮に中国が那覇空港、あるいは嘉手納米軍基地を攻撃したとしよう。これは、それまでの局地的な紛争から大きく性質を変えることを意

コラム

空港への攻撃

滑走路や橋のような細長い目標を破壊するのは容易ではない。滑走路への攻撃は、飛行機が発着陸できなくするのが目的だが、滑走路の一部を破壊するだけでは不十分だ。米軍の基準によれば戦闘機の発着に必要な最小滑走路（MOS：Minimum Operating Strip）は15m×1525mとされている。

例えば、那覇空港のような幅45mの滑走路を使えないようにするには、15m以上の幅を残さずに破壊しなくてはいけない。そのためには、３発を滑走路の３分割の右、中央、左に命中させる必要がある。３発が滑走路に全て命中しても、右に２発、中央に１発では使用不能にできない。３発とも命中させて、しかも３つに分散させて命中させる確率は非常に小さい。

命中精度が半数必中界（CEP：Circular Error Probability：円内に着弾する確率が50％になる半径）20mのミサイルの場合、滑走路を使用不能にするためには、約1200発も必要だという計算になる。その結果、軍事施設の破壊だけではすまず、周辺の民間施設、民間人への被害は大きくなる。

味する。人が住む地域への攻撃であり、米中の直接衝突だ。

中国としては、島をめぐる局地的な紛争を本島攻撃へ拡大するか否かの決断を迫られる。日本としては、それを受けて中国本土の基地を攻撃するかどうかの判断を強いられる。日本の防衛戦略は、敵基地への攻撃、反撃は同盟国であるアメリカに委ねることになっている。長距離ミサイルは、憲法9条のもと認められる自衛のための武力行使の要件の1つである、必要最小限度の実力行使という範囲を越えると考えられ、日本は敵基地攻撃能力を保有していない。そうすると、中国の基地を攻撃するかしないかは、一義的にはアメリカの判断になる。

頭の体操として、この後、戦争が激化する過程を考えてみよう。中国が沖縄本島の基地を、あるいは日米が中国本土の基地を攻撃した時点で、戦争は、尖閣諸島をめぐる戦いを離れて本格的に拡大する。それ以上、激化させないために、日本、あるいは中国は、また抑止を試みる。中国は、中国の基地への攻撃を中止しないと九州を攻撃する、と脅すかもしれない。日本（日米）は、沖縄の基地への攻撃を中止しないと中国本土の他の基地への攻撃や他の戦略拠点を攻撃するなどと脅して攻撃の継続を思いとどまらせようとする。双方とも、弱い態度を見せると相手を抑止できず戦争が拡大すると考えれば、譲歩することなく、紛争は激化する可能性が高い。基地の次は、他の軍事拠点で、その次は都市へエスカレートするかもしれない。

当面、中国は日米に比べて精密に攻撃する能力がない。ピンポイントで攻撃できないということは、それだけ被害が拡大する危険がある。命中の精度が低ければ、より強力な火力を用いなくては目標を破壊できず、非戦闘員である民間人の被害が大きくなる可能性がある。

尖閣諸島をめぐる戦争の激化を抑止する難しさは、日米中ともに、まだ温存している戦力があるのに、それらを使う選択を放棄して事態の収拾を図らなくてはならない点にある。離島は、上陸し占領するのは容易だが支配し続けるのは難しい。これ以上、戦闘を激化したら、甚大な被害を及ぼすと相手に示して抑止を図るが、一方では、紛争を激化させることは望むところではない。どこかの時点で、どちらかが激化しない選択をしないと、事態の収拾は困難だ。中国側が島に上陸した時点で、すでに第1段階の抑止は破られている。日本側が、エスカレートさせずに交渉で解決を模索するのは、攻撃に対して譲歩で報いることになり、国内に反対意見があるかもしれない。その場合、政策決定者には、難しい選択となる。

†中国と日本のチキンゲーム

ところで、尖閣諸島をめぐる争いというのは、何をめぐる争いなのだろうか。土地としての領土だろうか？　島を基点とした領海や排他的経済水域（EEZ　基点から200海里）とそこに埋蔵されている資源だろうか？　あるいは、海の自由だろうか？　または、力で現状変更を試みないという規範だろうか？　はたまた、地域における覇権か？

日本と中国は、ともに自国イメージの転換期にある。その中で、双方が譲歩しない強い意思を競う形になっている。中国の世界観は被害者意識が強い。1840年のアヘン戦争以来、中国はヨーロッパの列強と日本に占領され国辱の歴史だったととらえている。1999年に米軍がユーゴスラビアにある中国大使館を誤爆し3人の中国人職員が殺された時、中国は弱いから爆撃されたのだ、という声が中国国内で多く聞かれた。その中国は、もはや貧しく弱い国ではなく、世界第1位か第2位の大国となった。中国は、昔は弱かったが今は大国なので他国の言いなりにはならない、というのが多くの中国人の考え方だ。

それに対して、日本も戦後の呪縛から解放された、ととらえ始めている。国連憲章は第51条で加盟国の個別的または集団的自衛権を固有の権利と認めている。日本にも当てはまる。しかし、これまでの日本政府の憲法解釈では集団的自衛権は使えないとしてきた。そのため、自衛隊には軍事能力があるにもかかわらず、憲法の制約や法的な制約のために、有効な防衛措置が取れないと考えられてきた。憲法解釈を一部、改定し、法的、政治的な制約から解かれたら、他国の言いなりにはならない、という考え方が日本の一部にもある。

日中両国とも、他国の言いなりにならない、と考えている。そのような状況の下、日中のどちらかが紛争激化を止める行動に主導権を取るのは容易ではないと予想される。

チキンゲームというものがある。どちらが勇敢かを競うゲームだ。アメリカの映画『理由なき反抗』や『グリース』などに出てくるので、「ああ、あれか」と思う読者も多いだろう。2台の自動車が互いに向かって一直線にスピードを出して走り、衝突ぎりぎりまで接近する。衝突を避けて先にハンドルを切った方が、臆病者（チキン）で負けということになる。日中両国は、チキンゲームの最中かのようだ。先に譲歩すると立場が弱くなると考えているようだ。競っているものはいくつかある。それが大きければ大きいほど妥協は困難になる。

†小島から世界覇権まで

尖閣諸島は、最も大きな魚釣島でも面積が約3・82平方キロ。小さな領土だ。土地の大きさからすると、尖閣そのものは大きな価値がある不動産ではない。島を基点とする領海、EEZを入れるとその価値は増す。日本政府が、尖閣諸島を国有化した2012年9月、野田佳彦首相は海洋国家日本の権益について記者会見で説明した。しかし、海洋権益を含めても、なかなかアメリカ国民が納得するような価値とはいかない。アメリカ政府高官らも、実際問題、無人の岩を守るために議会の承認を得るのは難しいだろう、と話す。

日本にとっては、主権に関わる問題なので、主権をめぐる争いだと考えれば、領土の面積の大小は関係ない。尖閣諸島で中国に譲歩すれば、他の主権や重要な国益でも譲歩を強いられる弱い立場になる恐れがあると、考えている人は少なくない。

領有権の主張を確立するためには、実効支配を継続することが有利だとされている。そのため、諸島周辺の海域で活動することや、領有権の主張を弱めないことが重要だと考えられている。危険を回避するために行動を抑制したり、話し合いを持つことは領有権の主張を弱める恐れがあると見られている。その結果、チキンゲームの状態が続くことになる。

アメリカは、島の領有権については、当事者に任せるという立場なので、中立を保ち、日本の領土だとは認めていない。これは、尖閣諸島に限らず世界各地の領土問題についてアメリカが一般的にとる立場だ。日本は、尖閣に関して解決すべき領土問題は存在せず、中国は当事者でない、という立場なので、そこには差がある。尖閣の領有権に関する日本の立場は、14年11月の安倍首相と習近平主席との日中首脳会談を経ても変わりない。

アメリカが自国の利益の侵害として問題にするのは、海洋の自由航行に対する妨害だ。コモンズの支配の項で書いたように、世界の公共空間を守り世界に提供するのがアメリカの影響力の源泉だ。領土そのものには関心がなくても、公共空間が脅かされないようにすることはアメリカの国益だととらえる。排他的経済水域（ＥＥＺ）は公海であり、制限されるのは経済的な活動のみで、軍事活動は制限されていない。ところが、中国はＥＥＺ内では、他国の軍事行動を認めないという立場だ。尖閣周辺の海域も中国は自国の領海とＥＥＺだと主張しているので、この海域に入る日本とアメリカの軍艦に対して接近している。開かれた海を人類共通の公共財だととらえる考え方に対する挑戦だと映る。例えば、２０１４年６月11日、東シナ海の公海上を飛行していた自衛隊機ＹＳ11ＥＢ電子測定機に中国軍のSu-27戦闘機が約30メートルまで接近した。また、８月19日には、中国軍の殲11Ｂが米軍のP8A哨戒機に約6メートルまで接近した。

さらには、公共空間の支配の軍事的な側面への挑戦だと受けとめられている。中国は、アメリカが中国へ接近することを阻止しようとしている。中国が現在抱える安全保障上の問題は、台湾、尖閣、南シナ海など、紛争になればアメリカが軍事的に介入する可能性がある。中国とすれば、アメリカの介入を阻止することができれば、あるいは、躊躇させることができれば、成功の確率は高くなる。中国が開発した対艦弾道ミサイルが米空母の脅威となることは第2章で触れたが、空母を危険な海域に入れる場合、そのリスクに見合うだけの重要な国益や大義がないと躊躇する可能性がある。これが中国の狙いだ。中国は、介入を阻止する防衛線を第1列島線と第2列島線と設定している。第1列島線は、沖縄から南シナ海を繋ぐ線の内側だ。第2列島線は、小笠原諸島からグアムを繋ぐ。中国の側から抑止を考えれば、第1列島線、第2列島線の内側に入る代償が高ければ、アメリカの介入を抑止できる可能性が高まる。この中国の戦略をアメリカは、A2/AD戦略（接近阻止・領域拒否：Anti-Access Area-Denial）と名付け、中国に接近を拒否されず行動の自由を確保することを軍事戦略の目的にしている。アフガニスタン、イラクでの戦争は主に陸上の戦闘で、対反乱戦（counter insurgency）が中心だった。その戦争が収拾し、アメリカは

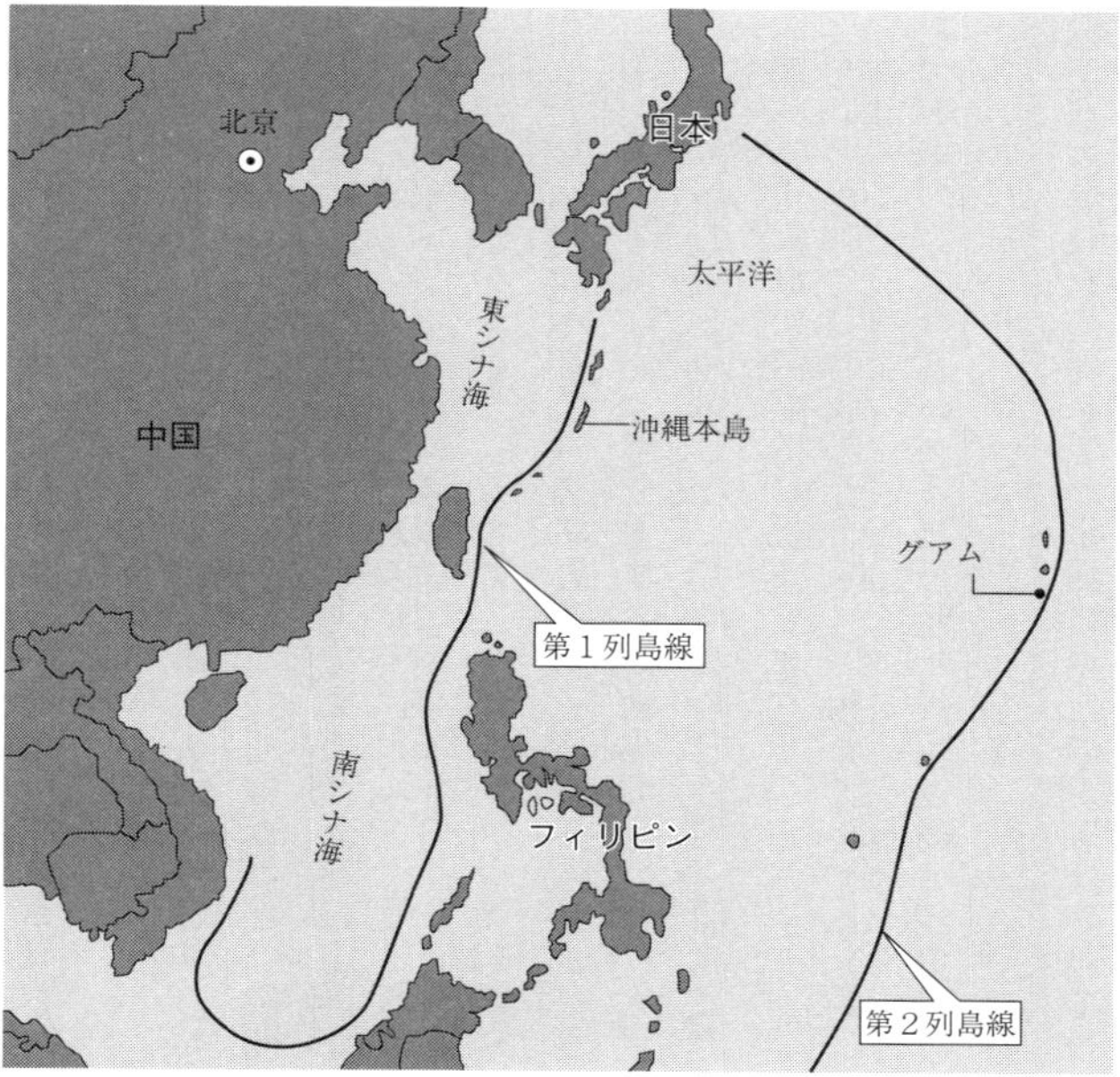

図6　第1列島線と第2列島線

新たな戦い方の整備に向けて議論している。

しかし、アメリカが躊躇するのではないか、と中国が認識すれば、軍事介入の信憑性は下がり、抑止は弱まる。他方、日本やフィリピンなどアメリカの同盟国にその認識が生まれれば、大義を誇張する可能性がある。いずれの場合も情勢は不安定になる。

†太平洋進出をめぐる戦い

一見、島をめぐる争いの

ように見える対立は、東アジアの海域と空域における軍事力展開の競争でもある。中国は、他国が第1列島線の内側に進出するのを阻止しようとするが、その外に出ようとすると日本列島の間をすり抜ける必要がある。尖閣を攻撃する、あるいは防衛するための軍事能力は、海洋進出、接近阻止に限らず、共通のものだ。尖閣を防衛するための軍事力は、中国を太平洋に出さないための軍事力でもあり、逆に中国が尖閣を攻撃し支配するための能力は、太平洋に進出するための能力でもある。

万が一、米中が戦争になったときは、アメリカは中国が太平洋へ進出できないように阻止したい。通常、阻止するのは海峡など狭い場所だ。図6でもわかるように、日本列島は中国大陸の外側に沿って位置する防波堤のようだ。太平洋に進出しようとすると、沖縄本島と宮古島の間を通過しなくてはならない。尖閣諸島そのものよりも、沖縄本島と宮古島の間の宮古海峡が戦略的には重要になる。

中国は近年、宮古海峡を通過する活動を活発化させている。例えば、11年6月8日には、中国海軍のソブレメンヌイ級ミサイル駆逐艦3隻を始め、ジャンカイ（江凱　Jiangkai）Ⅱ級フリゲート1隻、ドンディアオ（東調　Dongdiao）級情報収集艦1隻など合計8隻の軍艦が宮古海峡を通過して太平洋に出たのが確認されている。

†法の支配への挑戦

また、中国の尖閣周辺の活動は、力で現状変革を図ろうとするものだと受けとめられている。国際法、法の支配に反する行為、挑戦だという見解だ。国際司法裁判所（ICJ：International Court of Justice）に付託すべきだという考え方もある。日本も領土問題は存在しないとしながら、ICJへの付託については、現状に挑戦している中国が検討すべきことだ、という立場だ。

南シナ海における中国の行動と併せて、話し合いによる解決を指向せずに、力の行使と脅しで、自国の主張を通そうとする態度を日米を始め多くの国が問題視している。中国の行動を止めなければ、いっそう強硬な態度に出るだろうという推察に基づく。

†日米同盟の信頼性

日米が尖閣で守っているのは、日米同盟の信頼性でもある。尖閣で同盟が機能しなければ、他の紛争でも機能しないのではないかと思われ、抑止力が低下することが考えられる。また、アメリカにとっては、同盟国としての威信がかかっている。日本はアメリカにとって重要な同盟国で、その日本を守らなければ、アメリカの威信は傷つく。

アメリカの覇権に対する挑戦者だと見られている中国の攻撃に対して日本を守らなければアメリカは国際安全保障を提供する大国としての役割を自ら放棄することになる。とくに、2014年4月に来日したオバマ大統領は、尖閣が日米同盟の範囲内であることを明言しており、この防衛義務を履行しないということは、「守りが堅いから諦めろ」という威嚇がただのハッタリに過ぎないことを示すことになり、アメリカの抑止力が大きく低下することになる。

†諸刃の剣

抑止が成功するためには、守る意思が強いことを示す必要がある。そのためには、潜在的な攻撃国に対して、揺るぎない決意を明示することは重要だ。島の領有権問題の場合、ナショナリズムを刺激しやすい。妥協を許さないナショナリズムが高揚していることは、防御側からすると悪いことではない。攻撃すると代償が大きいことを伝達できるからだ。

離島のような小さい領土に対する攻撃は、「こんな島なら簡単に攻撃できるのではないか」という楽勝の誘惑を断つためには、領土に様々な価値が付加されている方が効果的だ。

今まで見てきたように、主権であったり、航行の自由だったり、国際的な規範や覇権という価値だ。失うモノが大きければ、それだけ抑止力は増す。

ところが、これは諸刃の剣だ。さまざまな価値が付加されると、妥協はより困難になる。離島防衛に国民の支持を得るため、同盟国の防衛義務の言質をとるため、より確実に防衛しようとすると、その反作用として妥協は選択しにくくなる。

中国国内において尖閣諸島の重要性は２０１２年以降、増している。12年5月の温家宝国務院総理（首相）と野田首相の日中首脳会談では、温家宝首相は尖閣については重大な関心事、チベットについては核心的利益と表現した。その後、何人かの中国政府関係者が公けの場で尖閣を核心的利益に含め始め、13年4月には中国外務省（外交部）のスポークスパーソンである華春瑩副報道局長が尖閣諸島は中国の核心的利益に属すると公式に発言した。

中国の核心的利益は安全保障上譲歩できない国益のことで、それまでは台湾とチベットなどを指した。２００９年11月17日には米中首脳会談の共同声明で両国が互いの核心的利益を尊重することに合意している。その後中国は核心的利益に含まれる範囲を拡大している。13年1月28日、習近平国家主席は、共産党中央政治局の集団学習会議で、国際協調を目指す「平和的発展の道を堅持すべきだが、正当な権益を放棄したり、国家の核心的利益を犠牲にしたりすることは絶対にできない」と述べている。

一方、日本も譲歩はしないと明言している。安倍首相は2013年7月17日、沖縄県石垣市で街頭演説し、「尖閣諸島は間違いなく歴史的にも、国際法的にも日本固有の領土だ。私たちは一歩たりとも譲歩する考えはない」と述べた。その後も一切譲歩しないと繰り返し強調している。

2014年11月、日中首脳会談に先がけて日中両政府が発表した「日中関係の改善に向けた話合い」という文書では、「対話と協議を通じて、情勢の悪化を防ぐとともに、危機管理メカニズムを構築し、不測の事態の発生を回避することで意見の一致をみた」と記し、事態の安定化に向けた一定の成果が得られた。しかし領有権については、「双方は、尖閣諸島等東シナ海の海域において近年緊張状態が生じていることに異なる見解を有していると認識し」ているとするのが、双方ができる最大限の譲歩だった。これは、緊張状態に関する見解の相違についての認識の一致で、領有権に関するものではない、というのが日本外務省の説明だ。領有権について、なんら立場に変化はないと、岸田文雄外相は会談後も繰り返し述べている。

双方に譲歩する意思がないとすると、緊張は高まり、問題の解決は難しい。対立状態が長期間にわたって続くことになる。また、偶発的な出来事が紛争に激化する可能性も高くなる。さらには、これまで見て来たように紛争が始まったら、途中で譲歩することが困難になる。

脅しが強固で、軍事能力が高いことは、抑止を可能にするが、逆に対立を深める事にもつながる。この危険については第6章で詳しく考えていくことにする。

†明確な一線を引く

どこに越えてはいけない一線が引かれているかという認識を共有していないと抑止は機能しない。一線を越えたのに武力行使しなければ、脅しはハッタリだ、という認識に繋がり、抑止が損なわれる。明確な一線を引くことは、明確なシグナルに通じる。

過去には、一線が曖昧で、戦争を誘発したと考えられている例がある。

1990年8月に勃発した湾岸戦争で、アメリカは誤ったシグナルを送った。イラクのクウェート侵攻にアメリカが不介入の立場だと表明したことが、戦争の引き金になったと考えられている。イラクがクウェートを侵略する8日前の90年7月25日、エイプリル・グラスピー駐イラク・アメリカ大使（April Glaspie）がサダム・フセイン大統領（Saddam Hussein）と面談し、アメリカはアラブ国家同士の問題には不介入の立場だと発言した。また、この面談で大使は繰り返し、ブッシュ大統領がイラクと良い関係を維持したいと希望している旨を伝えていた。この面談の内容は、録音をイギリスの新聞が入手し明らかになった。また、ウィキリークスが、公表した大使の本国宛の電報も同様の内容だ。

(http://www.wikileaks.ch/cable/1990/07/90BAGHDAD4237.html)

朝鮮戦争前のアチソン演説も、しばしば例に挙げられる。第1章にも登場したアチソンは当時アメリカの国務長官だったが、1950年1月にワシントンD.C.のナショナル・プレス・クラブで、アメリカの極東政策について演説した。この中で、西太平洋における対共産主義防衛戦（defensive perimeter）をアリューシャン列島、日本、沖縄、フィリピンを結ぶ線だと述べ、台湾と韓国を除外した。一方、北朝鮮の金日成はアメリカが介入しないだろうとの見通しをもっており、この楽観にアチソン演説が影響を及ぼしたのではないかと考えられている。ソ連のヴャチェスラフ・モロトフ外相（Vyacheslav Molotov）は、モスクワを訪問していた毛沢東主席（当時は国家主席ではなく、中央人民政府主席）にアチソン演説の翻訳文を読ませたとされている。防衛線から韓国が除外されたことは韓国で衝撃をもってうけとめられた。ただし、近年、公開されたソ連の資料では、ソ連のヨシフ・スターリン共産党書記長（Joseph Stalin）は戦争直前までアメリカの不介入を疑い、アチソン演説の影響はスターリンに関しては、大きくなかったと見られている。

†アメリカの曖昧戦略

アメリカのアジア政策は、いくつかの問題で曖昧戦略をとっている。一線を引くのとは逆だ。意図を明確にしないのは、問題に関わる当事者双方を抑止しようとする狙いがある。曖昧戦略をとることによって、アメリカ自身が戦争に巻き込まれるリスクを減らそうとしている。しかし、一線を引かないことによって、抑止効果を弱めている面がある。

アメリカは主権に関する問題には、一般的に中立の立場を取っている。尖閣諸島についても、南シナ海の島々に関しても、また、中国と台湾の問題にしてもそうだ。武力を使っての現状変更や、問題の解決には反対するが、領土問題などについては片方が同盟国であっても中立を守っている。同盟国からすると不満に思うこともあるが、アメリカは立場を変えない。

アメリカがアジアで曖昧戦略をとるのは、例えば、中台問題だ。台湾の防衛については、アメリカの国内法である台湾関係法で、台湾が自衛できるよう支援することを規定している。しかし、中台間で戦争が起こった時、どのような場合にアメリカが台湾防衛のために軍事介入するのかは明確にされていない。これは、台湾と中国の両方を抑止しようとしているためだ。「台湾を守る」と明言すれば台湾が独立宣言し、その結果、紛争が起きる可能性がある。また、「台湾を守らない」と明言したり、「こういう場合は守るが、こういう場合は守らない」と明らかにすれば、中国側が台湾に攻撃を仕掛ける恐れがある。この曖昧戦略を「二重封じ込め」などと呼ぶこともある。とくに、台湾独立を公約にしていた陳水扁総統（2000-08年）時代は、不安定だった。当時アメリカはアフガニスタンとイラクとの戦争に手一杯で、3つめの戦争に巻き込まれることを恐れており、台湾が独立への動きを見せないことが重要だった。

しかし曖昧戦略の結果、アメリカがどのような状況で軍事介入するのかわからず、中台関係は時に不安定になる。中国と台湾の関係が悪くなると、その傾向は強くなる。

尖閣諸島に関するアメリカの立場は、①日米安全保障条約第5条は日本の施政権下にある領域に適用される、②尖閣諸島は日本の施政権下にある、③アメリカ政府は、尖閣諸島の最終的な主権問題には（特定の）立場を取らない、というものだ。2014年4月にオ

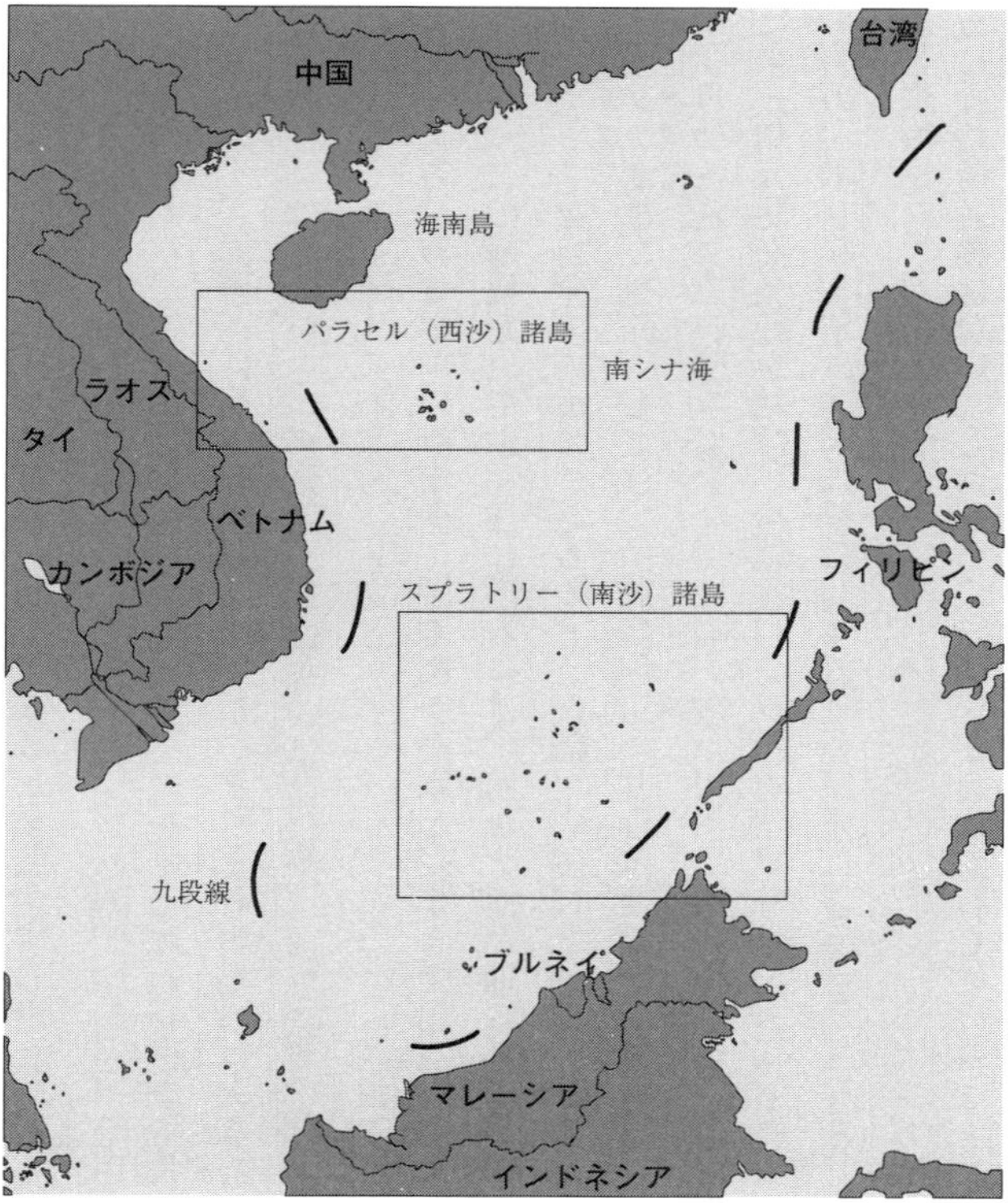

図7　南シナ海

バマ大統領が、尖閣諸島は日米安保条約の対象だと明言したが、それまで、アメリカ政府は、直接的な表現は避け、この複雑な3点理論で立場を説明していた。アメリカ国内には、尖閣についいて防衛義務を明確にしたために日本の自制が弱くなることを懸念する声もある。

南シナ海では、南沙諸島あるいはスプラトリー諸島（Spratly Islands）について、中国、台湾、ベトナム、フィリピン、マレーシア、ブルネイが領有権を主張している。島はいずれも小さく、岩礁、砂州と呼ばれるものだ。それぞれの島には大きな価値はないが、海底資源の権益は大きいといわれる。中国は、「九段線」と呼ぶ線で囲った海域を自国の領海だと主張している。これには、国際法に基づく根拠はない。図7の太い9本の線がそれだ。地図の上方にある中国の海南島に潜水艦が潜水したままで出入りできる海底基地があるとされる。この基地を出て太平洋に出るには、南シナ海を通る必要がある。万が一の紛争の時に、ここを自分の内海にできるかどうかは、中国にとって戦略的に重要な意味を持つ。

南シナ海は、航路としては尖閣諸島周辺よりも重要だが、領有権を争う関係国の中で、アメリカと正式な同盟関係にあるのは、フィリピンだけだ。フィリピンとは、１９５１年に米比相互防衛条約を結び、冷戦後、クラーク空軍基地、スービック海軍基地を撤収したものの、１９９８年に訪問米軍に関する地位協定（Philippines-United States Visiting Forces Agreement）が締結され、両基地の使用も再開した。フィリピン以外の国に対してアメリカには防衛義務はない。したがって、中国が自由航行を妨げることについては、アメリカの国益に反すると主張するが、島をめぐって戦うとは表明していない。

アメリカは行動の自由を確保しておきたいので、曖昧戦略をとる。また、アメリカの研究者の中には、アメリカがアジア諸国を「子供扱い」している表れだと考える人たちもいる。同盟国は自分では、正しい判断ができないので、アメリカが判断し行動する必要がある、という考え方だ。

アメリカの同盟国としては、アメリカの防衛意図の言質を取りたい。それが、抑止効果を高めると考えているからだ。また、既成事実化を防ぐために、紛争の早い段階で、アメリカが介入することを期待している。前倒しして、一線を引くということだ。

次の第5章では、一線を前倒しして引くことが紛争に与える影響を考えてみよう。

第5章　グレーゾーン事態の危険

†戦時でも有事でもない

第4章で、尖閣で紛争が起こった場合の仮定のシナリオについて考えてみた。その中で、島に上陸した人員を排除するために、自衛隊が補給する船を攻撃する、という例を挙げた。ところが、日本のこれまでの法律では、それができないという。

憲法の下で認められる自衛権の発動としての武力行使について、日本政府は従来から、①日本に対する急迫不正の侵害があること、②これを排除するために他の適当な手段がないこと、③必要最小限度の実力行使にとどまるべきこと、という3要件に当てはまる場合に限ると解釈してきた。そして武力攻撃とは、組織的計画的な武力行使と考えてきた。そこで、戦時でも平時でもない、というグレーゾーンという状態についてどう対応すべきか、という議論が起こった。島に何人かの兵隊が上陸したようなケースをグレーゾーン事態という。

警察権による自衛隊の出動の手続きを簡略化すると同時に、自衛権の発動を前倒ししようというのがグレーゾーン事態だ。警察権と自衛権の間の隙間を埋めて、切れ目のない対応を可能にしようというのがその狙いだ。シームレスな対応と呼ばれている。

2014年7月の閣議決定で新たに、武力行使の新3要件が出された。少し長くなるが、ここに記しておく。

① 日本に対する武力攻撃が発生したこと、または日本と密接な関係にある他国に対する武力攻撃が発生し、これにより日本の存立が脅かされ、国民の生命、自由および幸福追求の権利が根底から覆される明白な危険があること
② これを排除し、日本の存立を全うし、国民を守るために他に適当な手段がないこと
③ 必要最小限の実力行使にとどまるべきこと

また、閣議決定は「武力攻撃にいたらない侵害への対処」についても言及している。これが、グレーゾーン事態だ。手続きの迅速化について、離島の周辺地域などで、「状況に応じた早期の下令（命令を下すこと）や手続きの迅速化のための方策について具体的に検討する」と明記している。

第4章で見たように、離島防衛では紛争を局地的に押さえることが重要だ。そのためには、速やかに対応できる態勢をとるのが得策のようにも見える。対応が遅いと既成事実を作られてしまうからだ。例えば尖閣で衝突が起こった場合、現在の日本の関心事は、いかに速やかに対処できるか、海上保安庁から海上自衛隊への移行をいかに切れ目なく行うか、だという。

政府が2014年5月27日に与党協議会で示した15の想定のうちの1つが、「離島等における不法行為への対処」だ。武装集団や武装した漁民が上陸した場合などが議論されている。政府は、治安出動でも海上警備行動でも、発令前に閣議決定が必要なため迅速に対応ができず、その間に被害が拡大することを心配して、制度改正の必要性を訴えている。

日本側から見ると、この対応は合理的なように思える。

†動員は戦争を意味する

第1次世界大戦（1914－18年）でも似たようなことがあった。このときは、兵隊の動員をかける時期に関してだった。ドイツに対立するフランスとロシアにとって悩みの種はロシア軍が機動力を欠き遅いことだった。そのため、フランスはロシアに資金援助し、鉄道整備に乗り出した。当時は、攻撃側が有利だという認識が広まり、1912年の時点で各国とも攻撃型の作戦計画を採用していた。

ドイツの「シュリーフェン作戦（Schlieffen Plan）」は、機動力を旨としていて、まず西側のフランスを叩き、その足で取って返して東側のロシアを叩くというものだった。イギリスの介入を阻止するためには、短期で戦争を決する必要があった。この作戦は、ドイツの陸軍参謀総長だったアルフレート・フォン・シュリーフェン（Alfred von Schlieffen）が1905年末に考案し、その後、後任のヘルムート・フォン・モルトケ（Helmuth von Moltke the Younger：通称小モルトケ）が修正していったと考えられている。そのドイツにフランスとロシアが勝つためには、ロシアの動員速度を上げることが至上命題だった。

1914年6月28日にオーストリア＝ハンガリー帝国のフェルディナンド大公夫妻が

新婚旅行中のサラエボで暗殺された時、これが世界戦争に繋がるとは誰も思っていなかった。ところが、7月31日にはロシアが総動員令を布告する。8月1日にはドイツとフランスが動員命令を発し、戦争へと突き進んでいった。

ロシアの動員の決定は開戦の決定ではなかった。本来ならば、戦争の準備段階で、部分動員でもよい状況だった。だが、遅れを取ることを恐れて総動員令が発せられた。部分動員では間に合わないこと、小麦の刈り入れの時期が近づいていてその前に動員を掛けないと兵を集められなくなること、などロシアから見ればそれぞれ合理的な理由があった。しかし、ドイツにとって動員は開戦を意味した。ドイツの作戦もスピードが命だからだ。それはフランスにとっても同じで、8月1日に対独戦争計画「プランXVII」が発動された。

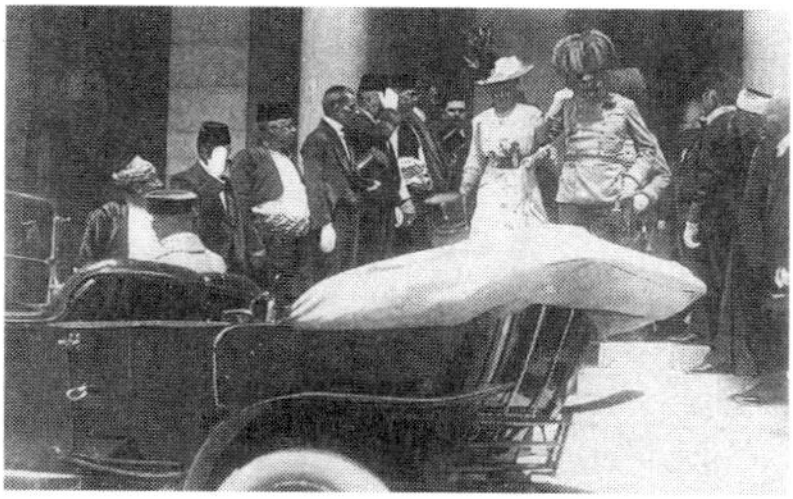

写真8　1914年6月28日にサラエボで暗殺されたフェルディナンド大公夫妻。当時、この事件が契機となって世界大戦が勃発するとは考えられていなかった（©AP＝アフロ）

第1次世界大戦の教訓は、いくつかあるが、その1つは加速する紛争が、結果的に状況を不安定化させたということだろう。当時、「動員は戦争を意味する」

と言われた。

†上陸は戦争を意味するか?

尖閣諸島の紛争で考えておかないといけないのは、例えば、「上陸が戦争を意味する」のか、ということだろう。グレーゾーン事態に自衛隊を出動させる場合、警察権で出動するのか、あるいは自衛権なのか、で違ってくる。グレーゾーン事態は有事とは違うという切り分けなので、自衛権の発動には至っていない。名称を変えての出動になると対抗措置出動または、領域警備とでも呼ぶのだろうか? この場合、グレーゾーンでの武器使用の範囲はどの程度が適当なのか?

†グレーゾーンから有事への切り換え

それでは、どの時点で、グレーゾーン事態は有事に切り替えるのが、適当だろうか? グレーゾーン事態が戦争に拡大しないために、日本側は事態が発生したあとでも抑止を試みるだろう。例えば、上陸した中国の兵隊が、自衛隊の空挺部隊が乗ったヘリコプターに対する攻撃を抑止しようとすることが考えられる。攻撃すれば、中国側の損害が大きい

写真9　南シナ海における領有権を強く主張する中国人民解放軍（©Record China）

ことを知らせて思いとどまらせる。空挺部隊は、高高度ならば最大高度6000メートルから降下するが、一般的な落下傘降下ならば高度約340メートルから降下すると言われている。肩に担いで発射する携帯式の地対空ミサイル（MANPAD）の交戦高度は一般的に約6000メートルなので、固定翼の輸送機にせよ、ヘリコプターにせよ射程内だ。

上陸した人員もこれくらいの装備は携行してくることが予想される。日本は「自衛隊のヘリコプターを攻撃すれば、自衛隊は島に向かってミサイル攻撃をする。だから、ヘリコプターに対して攻撃するな」といったシグナルを発して紛争の激化を抑止しようと試みる。

しかし、この場合、どのタイミングで有事に切り替えるのか。防衛出動が政治的に決定されていないと抑止の信憑性は低くなる。他方、防衛出動を前倒しすると、紛争の激化（エスカレーション）を招く恐れがある。グレーゾーンから有事への移行、つまり、自衛権の発動については、細かく事態を切り分けて検討する、という考え方と、ファジーにしておいて判断はその時々の状況に任せる、という考え方がある。

速やかな対応を重視すれば、平時からグレーゾーン、そして有事へ、それぞれの段階への移行がスムーズで、シームレスであることが望ましい。自動的に移行することが最も効率的だ。2014年7月の閣議決定は「いかなる不法行為に対しても切れ目のない十分な対応を確保する」ことの重要性を明記している。そして、命令発出手続きの迅速化を進めるとしている。手続きにもたもたしている間に不法行為による被害が拡大することを恐れての対策だ。

最も時間がかかるのは、政治的な判断である可能性がある。ここを短縮できれば、軍事的な効率は上がる。「政治家さえ決断してくれれば、軍事的には準備は整っているのに」という議論だ。逆に、紛争の激化を望まず、局地的な紛争に留めて、外交ルートでの確認、交渉する時間的ゆとりを作ることを重視するのであれば、紛争激化のペースは遅い方が良い。

上陸は戦争を意味するのかしないのか。何が起こったら戦争を意味するのか。この点を平時から考え、議論しておくことは重要だ。軍事的な効率性は、しばしば、政治や外交の手間暇と両立しない。紛争がスピードアップされ、外交が置いてきぼりになる、という例

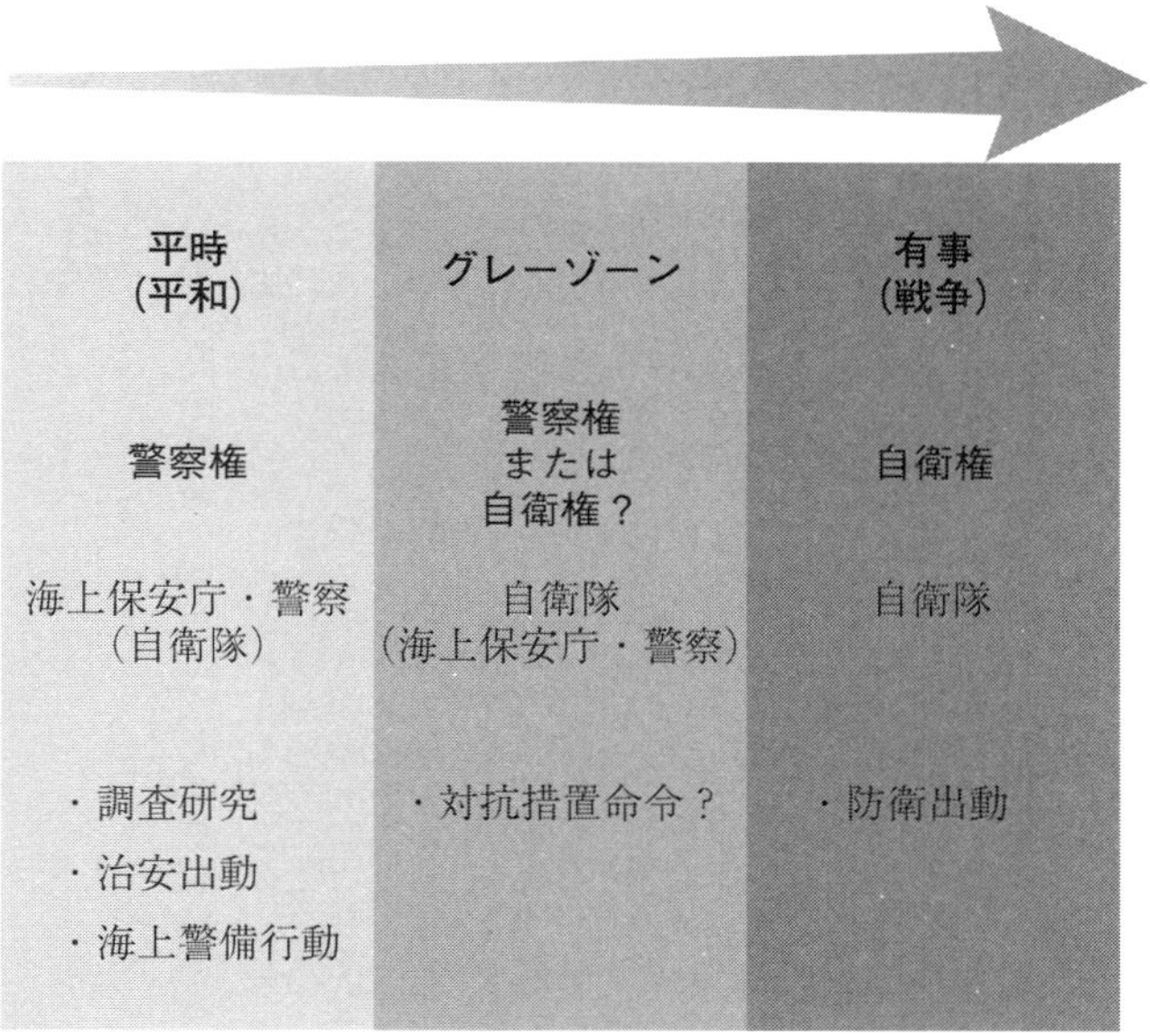

平時 (平和)	グレーゾーン	有事 (戦争)
警察権	警察権 または 自衛権？	自衛権
海上保安庁・警察 (自衛隊)	自衛隊 (海上保安庁・警察)	自衛隊
・調査研究 ・治安出動 ・海上警備行動	・対抗措置命令？	・防衛出動

図8　グレーゾーン事態

は歴史上少なくない。

　あとから見ると重大な決定が、政治的な決断を経ずに行われることがある。例えば、アメリカの長崎への原爆投下がそうだ。トルーマン大統領は戦争の末期、1945年7月25日、原爆投下指令を承認した。8月6日に広島へ原爆が投下されたことは誰もが知っているが、2発目の8月9日の長崎への原爆が、別個の政治的判断がないままに投下されたことはあまり知られていない。

†日本が例外なのか

これまで日本の防衛政策の弱点は、その法制にあるとしばしば議論されてきた。平和憲法の下、できないことが多すぎるというのだ。たとえば、攻撃されるまで反撃できないことや、離島に武装集団が上陸しても組織的な攻撃でなければ、手出しができない、などという議論だ。日本の防衛費は、約4兆8000億円で、世界で7番めに多い。ミサイル防衛システムやAWACSなど、最新鋭の兵器も多く保有している。自衛隊の練度も士気も高い。ところが、法的制約が多く、国を守れないという議論だ。この不満は、場合によっては原点に遡り、そもそも日本がこのような難渋を強いられるのは、敗戦後の処理や東京裁判にある、という議論にまで発展する。日本は果たして例外なのだろうか?

武力攻撃に至らない侵害については、国際法は必ずしも明確ではない。国連憲章第2条4項は、国際関係における「武力の行使」を原則として禁止している。ただし、国連憲章第51条で武力攻撃を受けた場合には自衛権の行使としての「武力行使」を認めている。問題は、いつの時点で武力攻撃を受けたと判断するか、ということだ。また、武力攻撃よりも小規模の侵害、つまり、武力攻撃に至らない侵害についての規定は定まっていない。武

力攻撃は、この章の冒頭で述べたように、組織的計画的な武力の行使だと考えられ、日本政府もこの立場を取ってきている

日本の場合、武力攻撃に至らない侵害に対しては、その侵害につり合った武力の行使ができる、という見解が従来から国会答弁で示されてきた。本書の目的は、法的な解説ではないので、武力攻撃に至らない侵害をめぐる国際法上の詳しい議論は他の良書に譲りたいが、ここでは、2014年7月の閣議決定で出された日本政府の見解が、国際法の解釈から見れば個別的自衛権の範囲を比較的広く解釈している、ということを指摘しておきたい。

上陸した段階では、民兵なのか組織化された正規軍なのかの判断がつかない場合、自衛隊が出動できない、という。これが隙に当たり、抑止を弱め、上陸を誘発すると懸念されている。その隙を埋める措置が、グレーゾーン事態への対応だ。これまで自衛権の行使に関する国際法上の判断としては、国際司法裁判所（ICJ）のニカラグア事件判決（1986年）がある。しかし、この判決でも明らかにされていないのは、武力行使を伴わない侵害の場合に、「均衡のとれた対抗措置」として武力行使が認められるかどうか、という点だ。つまり、上陸した人員が上陸しただけでまだ武力を用いていない場合に、自衛隊が武力をもって排除できるのか、という問題だ。

自衛権に依らずに警察権などに基づいて自衛隊を出動させることについては、自衛隊の元統合幕僚長ら現場のOBから疑問が出ている。相手から見れば、自衛隊が投入されたという事実が重要で、自衛権に基づく出動だと認識して対応してくる可能性が高い。紛争を激化させる可能性もあるし、自衛隊の武器使用が制限されていたら十分に守れない可能性もある。自衛権に基づかない出動は、かえって事態を混乱させる危険があるというのだ。自衛隊を早い段階から投入するよりも、海上保安庁の能力を強化した方が、事態の激化を防ぐことができるという意見もある。

　とどのつまり、どの時点で有事だと見るかということは、政治的な判断になる。これまでの平時を、新たに平時とグレーゾーンに分けても、有事との線引きは残る。どの段階で有事だと判断するかについての判断が難しいという状況は解消されないだろう。何をもって有事と判断するかについて事前に議論することは重要だ。しかし、政治的な判断にある程度の時間がかかることは必要だと考えるべきだろう。戦争かどうかの決定になるので、事が起こってからも悩みぬいて出す性質のものだろう。隙を埋め、手続きを迅速にすることと、紛争の激化を抑えることは、相反する場合があることは、認識しておく必要がある。軍事的効率性と民主的な手続きもまた相反する場合がある。

第6章　強い軍備の落とし穴——安全保障のジレンマ

†目には目を、武器には武器を

平和を維持する方法の1つに勢力均衡（バランス・オブ・パワー）がある。どこか1国が強くなると、他国の生存を脅かし、呑み込んでしまうかもしれない。それを防ぐために自国も強くなって対抗する。自国だけでは対抗できない場合は、他の国と同盟を結んで対抗する。相手が強くなるのならば、こちらも強くなればよい、というのが勢力均衡の考え方だ。相手も同じように考えて増強を目指すので均衡が生まれる。その結果、互いに手出しできない状況が生まれ、相互に抑止して平和が維持される。

中国のように急速に国力が伸びている国が出現すると、国際関係は流動的になる。変化に対応しようとする現状維持国は同盟を強化する。日米の成長は鈍化しているので、何もしないと、力は相対的に低下する。それに備えて、同盟を強化するのはごく自然な対応のように見える。

さて、この考え方のどこかに落とし穴はあるだろうか?

軍備を強くすると、対抗措置をよぶ。A国が自国の軍備を増強したり、同盟を結んだりすると、周りの国の安全はその分、損なわれる可能性がある。これはA国の意図が攻撃的でない場合でも起きる。他の国はそれに応じて自国の軍備を強くしようとする。新たに同盟を結ぶかもしれない。その結果、A国が軍備増強した最初の時点よりも結果として安全保障環境が悪化してしまうことがある。これを安全保障のジレンマ(security dilemma)という。安全保障のジレンマは、他の国の意図がわからないので起こる。兵器はどこの国に対してでも使えるということもある。安全保障のジレンマが、皮肉で悲惨な戦争の原因なのは、A国に他の国を侵略する意図がたとえなくても対立関係が生まれ戦争につながる可能性があるからだ。

†ジレンマが悪化する要因

安全保障のジレンマは、特定の条件下で激化する。次のようなものが考えられる。

第1に、攻撃が防御に比べて有利な場合。あるいは、攻撃優位だという認識がある場合だ。攻撃優位の状況は、第3章で見た、早い者勝ちの状況になる。

第2に、攻撃と防御の区別が付きにくい場合だ。例えば、要塞は防御的だ。中国の万里の長城や、フランスが1930-40年代に対ドイツ要塞線として造ったマジノ線は防御目的なので、整備したからといって、周辺国が軍備増強の必要性をすぐに感じる可能性は低い（もちろん、不信感が強ければ、攻撃に備えて守りを堅くしているのではないか、と疑うことはできるが）。

それに対して、戦闘機の数を増やした場合は、攻撃目的にも防御目的にも使えるので、守りを固めようとしているのか、あるいは戦

写真10　防御を目的として、フランスが1930-40年代に対ドイツ要塞線として造ったマジノ線（1944年12月15日撮影）

争の準備をしているのかの区別がつかない。近年の兵器は、1つの機能だけを備えているものは少ない。納税者の負担を少なくするためにも、いくつもの任務を担う兵器が開発・購入される。防空のために他の戦闘機と空中で戦うだけでなく、対地攻撃できる戦闘機も多い。この場合、防御と攻撃の区別はつかない。

軍は、相手の意図を読み間違えるならば被害が少ない方で、と考える傾向がある。「防御用だと思っていたのに自分たちを攻撃する準備だったのか!」と狼狽《うろた》えるよりも、「攻撃に備えていたけれど、友好的だったのか」と予想が外れる方が安全だからだ。最近では、これを予防原則(precautionary principles)と呼ぶことがある。地球温暖化などに関する考え方を安全保障に取り入れている。気候変動は、科学的な証拠が出揃うまで待っていたら、対策が手遅れになるかもしれない。そのため、証拠が揃っていなくても対策を講じようという考え方だ。京都議定書などもこの考え方に立っている。

加えて、軍は攻撃型の作戦を一般的に好むと言われている。組織の行動を研究する、組織論によると、組織は不確実性を回避しようとする習性があり軍隊もその例外ではない。防御は他国の行動に合わせなくてはならず、受け身で不確実だ。どこから攻めて来るかもわからないし、いつどのように来るかもわからない。それに比べて、攻撃は自分たちで計

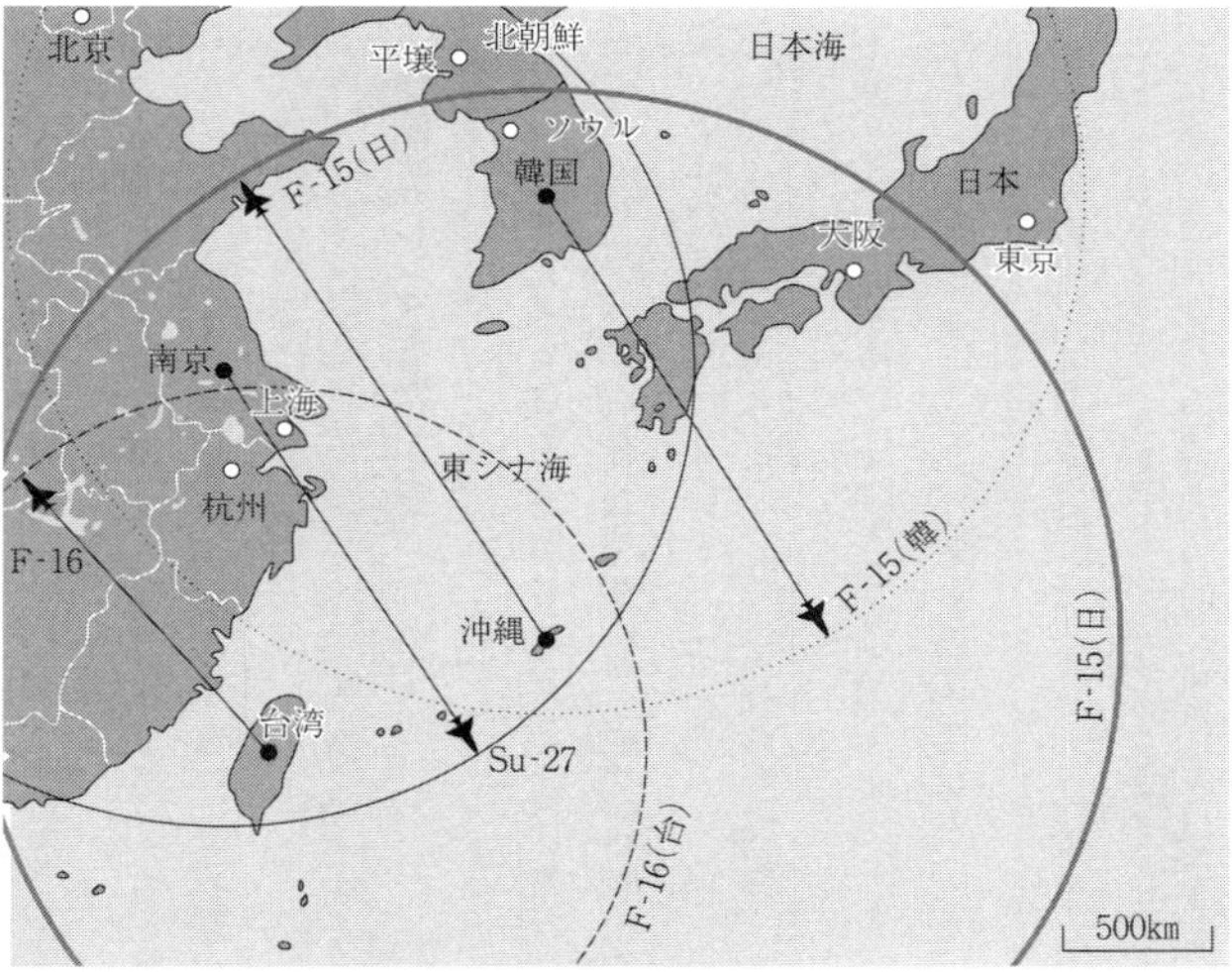

図9　北東アジアにおける戦闘機の戦闘行動範囲

画を立て訓練できるから不確実性が減る。少なくともそう思える。目標に向けて毎日の計画を立てて行動できるので、組織をまとめるのに有効だ。さらに脅威を高く見積もった方が、国防予算を要求できるので、組織の利益を維持するためにも良い。

†陸続きはジレンマを悪化させる

第3は、地理的な条件だ。2つの国が陸続きだったら安全保障のジレンマは起きやすい。山や川という自然の国境で遮られていない場合はとくに激化しやすい。国土を守るためには、国境で守っていてはすぐに入って来られるので、少し外側で守りたい。だが、陸続きだと、それはできない。国境沿いに配備した戦車が防御用なのか攻撃用なのかは区別できない。海で隔たれていると、ジレンマは激化しにくい。防御用の戦車は海を渡らないと攻撃には使えない。戦闘機も海を越える航続距離がなければ攻撃はできない。

†不信感がジレンマを激化する

第4は、既存の不信感がある場合だ。歴史的な出来事などで、以前から不信感がある場合は、ジレンマが激化しやすい。過去に戦争を戦った場合や、侵略されたことがある場合は、とくに激化しやすい。

攻められたことがある被害者の方だけでなく、加害者も同様だ。被害者は、また侵略されるのではないか、と不信感を募らせる。加害者の方は、被害者が自分たちを赦しておらず仕返しをしようと狙っているのではないか、と心配する。

†ジレンマが戦争につながる危険

相手の意図を読み違える時、不信感は増し、ジレンマは激しくなる。A国が、経済成長を遂げ、それに応じて軍備を増強したとしよう。B国は、A国の軍備増強に対して不安を抱き、自国の防衛を増す。この時の増強は純粋に防御的なもので、B国はA国に敵対心は抱いていない。A国はB国に対して、敵対的な意図は持っていないので、B国の軍備増強が脅威に見える。そこで、自分の軍備も増強する。B国にしてみれば、もともとA国の軍備増強を懸念していたところ、自国の防衛に呼応してA国がさらに増強したので、いよいよA国が自国を攻撃する準備をしているのだ、と考える。

ここで防御が勝《まさ》っていたらB国は様子をみる余裕がある。しかし、攻撃優位で早い者勝ちの状況だとしたら、待っていたら先制されてしまうかもしれないと考える。その前に攻撃を仕掛ける選択肢しかないかもしれない。この状況の下、B国はA国に攻撃的な意図など持っていなかったにもかかわらず、A国を攻撃する可能性がある。しかもA国にもB国を攻撃する意図がないにもかかわらずだ。

†日米中のジレンマのはじまり

日米中は、1990年代後半から安全保障のジレンマに陥っていると言われる。日米が同盟を強くすれば、中国はそれに応じて自国の軍備を強くしようとする。その結果、日米が軍備増強した最初の時点よりも結果として安全保障環境が悪化してしまうことがある。中国にとっても同じことが言える。今や、対立の構図が顕著に見える日米中だが、この対立のスタートは誤認と偶然が重なり合い、安全保障のジレンマが起きたのだ。

ここで少し時代をさかのぼって、冷戦末期からの日米中の関係を追ってみよう。そこに見えて来るのは、互いの意図に関わりなく、それぞれの行動が不信感を招き、関係が悪化していく過程だ。

冷戦時代の1970－80年代、日米中は、共通の敵ソ連に対抗する友好国で、半同盟関係にあった。日本と中国は直接的には軍事協力はなかったが、それぞれの軍事力によってソ連の力がそれだけ削がれることを互いに認識していた。1980年代の防衛白書が一貫して中ソの力関係を記述しているのはそのためだ。冷戦後、西元徹也・元統合幕僚会議議長は、中国の戦力によって（ソ連－0・5×中国）になると見ていたと述べている。中国も1980年には日本の防衛力増大に期待を表明していた。例えば、80年5月に訪日した華国鋒総理は東京・日本記者クラブの記者会見で、人民解放軍の伍修権副総参謀長を引用して、日本は防衛力をGDPの2％まで引き上げたらどうかと述べ、日本が独立国として自衛力を持つ権利がある、と明言している。

米中軍事関係はもっと密接だった。アメリカは1980年代中国の軍事増強を支援した。ブラックホーク・ヘリコプターや、追尾レーダなどを提供した。80年代には新疆ウイグル自治区にソ連の核実験を監視する施設を共同で管理していた。米軍は中国との共同作戦も立てていたといわれる。1992年以降、中国はロシアからの武器輸入に頼っているが、当時はアメリカが最大の支援国だった。J－8Ⅱ（F－8）戦闘機の改修なども合意したが、これは89年の天安門事件などの影響で完了しなかった。1979年のソ連のアフガン侵攻以降、アメリカはタリバン政権を陰で支えたが、アメリカが中国に資金を提供し、中国がタリバンにロバや銃を提供したと言われている。当時、中国でアメリカと密接な関係にあったのは、後にアメリカへ核攻撃の脅しを掛けたと言われる、あの熊光偕副参謀長だった。実は、彼は米中が軍事的に最も緊密だった時の親米派だったのだ。

ところが、1990年代、日米が同盟をつなぎとめるいくつかの措置を講じたのを見て、中国は警戒感を強めた。しかし、その時、日米にとって中国はまだ直接的な脅威として念頭になかった。

写真11　日本製ラジカセを壊す米議員（1987年７月１日撮影、©AP／アフロ）

†日本叩きと同盟漂流

第1章で見たように、冷戦が終わり、日米の関心事は、お互いの関係をどう再構築するかということに移る。ペレストロイカ（政治体制の改革運動。ロシア語で「再構築」、「改革」）などソ連国内の変化が不可逆だという認識が広まった１９８８年ごろから冷戦後の世界に向けてそれぞれの国の戦略家たちは動き始めた。

アメリカにとって冷戦後の最大の競争相手は日本だった。１９８８年1月、国防省が発表した長期戦略報告書『選択的抑止（Discriminate Deterrence）』は、将来日本が軍事大国になると予想し、軍事革新を成功させる可能性が最も高い国として注目していた。報告書をまとめた長期統合戦略委員会には、キッシンジャー元国務長官（Henry Kissinger）、ブレジンスキー元大統領補佐官（Zbigniew Brezinski）を始め、イクレ元国防次官（Fred Iklé）、ウォルステッター元シカゴ大学教授（Albert Wohlstetter）ら、アメリカの著名な戦

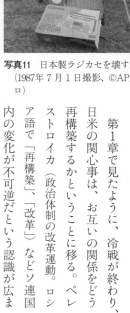

略家が名前を連ねていた。ちなみに、ブレジンスキーはオバマ大統領の外交政策のアドバイザーを務める。また、ウォルステッターは、ブッシュ政権（息子）で国防副長官を務めたウォルフォウィッツ（Paul Wolfowitz）や、国連大使のハリルザード（Zalmay Khalilzad）の博士論文の指導教官だった。2人ともネオコンとして知られる。ついでに言うと、ウォルステッターは、スタンリー・キューブリック監督の映画『博士の異常な愛情：又は私は如何にして心配するのを止めて水爆を愛するようになったか（Dr. Strangelove or : How I Learned to Stop Worrying and Love the Bomb)』の博士のモデルだと言われている。

1988年当時、国防省や中央情報局（CIA）で、長期戦略を担当するグループは、日本を最大のライバルとして分析を進めた。同じ頃、アメリカでは日本叩きに火がつき、1990年には「日本をどうやって封じ込めるか」（ファローズ：James Fallows）が議論された。1990年の世論調査では、一般の60％、外交エリートの63％が日本を脅威だと答えている。

日本でも日米同盟不要論が起こった。1994年、首相の私的諮問機関「安全保障と防衛力に関する懇談会」が、いわゆる「樋口レポート」をまとめ、冷戦後の安全保障戦略を発表した。この中で、日米同盟の前に地域安全保障を掲げていたことが、アメリカの安全保障専門家らにアメリカ離れだと受けとめられた。1995年9月、沖縄県で小学生が3人の米兵に強姦された時、長年、日米同盟の支持者だった自民党の政治家たちでさえ同盟を弁護しなくなった。これはアメリカの知日派たちに危機感を与えた。

同盟管理者（alliance managers）と呼ばれる日米両国の外務・防衛の担当者にとって、同盟漂流に歯止めをかけることが課題となった。1995年2月に発表された「東アジア戦略（いわゆる、ナイ・レポート）」が手始めだった。アメリカがアジアの基地から撤退せず、関与を続けることを表明した。その後、日米の外交・防衛担当者らが協議を続け、それが、1996年4月の日米安全保障共同宣言につながった。日米同盟再定義、アップグレードと言われるのは、それまでの同盟を見直し、拡大したからだ。そして、1997年9月に新日米防衛協力のための指針を決める。いわゆる日米ガイドラインの見直しだ。

写真12　縄県民総決起大会開催。米兵の暴行事件に抗議する県民総決起大会の会場をぎっしりと埋めた参加者（沖縄県宜野湾市の海浜公園（1995年10月21日撮影、©朝日新聞社／時事通信フォト）

目的は日米関係の修復であり、直接の課題を提供したのは中国ではなく、背景にあったのは、94年の北朝鮮核危機だった。この時、アメリカは朝鮮半島における戦争の可能性を覚悟していた。日本に防衛協力を要請し、いくつかの検討事項がリストにされた。日本側はアメリカの要望に答えられるかどうか検討したが、その結果、できないことがほとんどだった。戦争は回避されたが、もし実際に戦争が起きていたら、日本が同盟国として役に立たないことが明らかになり、米国議会の批判に耐えられなくなる。同盟が試され、日本は試験に落第する可能性が高い。これが1994年の核危機が日本の安全保障担当者たちに突き付けた現実だった。

ところが、安全保障宣言とガイドラインに反応したのは中国だった。安全保障宣言が台湾海峡危機の1カ月後に発表されたことから中国を睨んで改定されたという見方が中国で広まった。しかし、中国の懸念は当たらない。クリントン大統領（Bill Clinton）の訪日は当初、1995年秋に予定されていた。それが予算をめぐる議会との対立でアメリカ政府が閉鎖され、大統領の訪日が延期された。そのために台湾海峡危機の直後の発表になったが、それは中国に関係なく進められていたものだった。

†日米同盟再定義と中国脅威論

しかし、中国では、ソ連が崩壊したのに日米同盟を強化するのは中国を対象にしているのに違いない、という見方が広まる。中国は、台湾独立を阻止するための軍備増強に拍車を掛ける。中国からしてみれば、その前から兆候はあった。1995年に台湾の李登輝総統にアメリカがビザを発給したのだ。李登輝総統は台湾独立を訴えていた。翌96年3月には台湾での初めての直接選挙が予定されていて、李登輝は最有力候補だった。アメリカ議会は全会一致で、ビザ発給を要求した。その強い支持は、台湾の担当者らさえも驚かせたほどだった。中国には、アメリカが対台湾政策を変え、台湾の独立を支持し始めた、と映った。さらにその前、1992年には、アメリカは台湾へのF－16戦闘機の売却を決めた。F－16戦闘機は、何年にもわたって台湾が要求していたにもかかわらず、アメリカは拒否し続けていた。ところが、売却が発表されたので、これもアメリカの政策転換だと映った。

アメリカの側からしてみれば、大きな転換はなかった。少なくともそういう意識はない。ビザ発給は李登輝が母校コーネル大学を訪れるためのもので、拒否する理由がなかった。政策担当者らにも、台湾の独立を支持している、とか、政策の転換だという認識は薄かった。アメリカ議会には、ごく普通のことをしているだけで、冷戦時代に中国を特別扱いしすぎたのだ、という議論があった。F－16戦闘機の売却は、再選を目指すブッシュ大統領が航空機産業の票を期待して打ち上げたものだった。そして、日米同盟再定義は、先に見たように、冷戦後の最大の競争相手である日本との関係の再構築が目的だった。90年代半ばになると中国の将来を心配する声も出始め、一部で中国脅威論も起こったが、まだ、将来の課題だった。アメリカが目指したのは、日本がアメリカに挑戦してこないこと、日本が同盟不信に陥り独自防衛に走らないこと、だった。

「日本の首相が、日本の安全を心配して眠れなくなるようなことは避けたかった。結局、それはアメリカの利益にならないから」と当時の国防省の担当者は後に私に説明した。

日本の側からしてみれば、この時期、最も重要だったのは、アメリカとの関係だった。日米同盟は日本にとって世界へのパスポートだと考えられていた。1980年ごろから日米貿易摩擦はすでに問題となっていたが、冷戦が終わった今、アメリカがいよいよ日本の首を絞めに来ると警戒した政治家らもいた。1994年9月に日本が戦域ミサイル防衛（TMD：Theater Missile Defense）研究を検討し始めた時も、日米同盟のかすがいになることを期待する要素が大きかった。日米同盟の再定義は、日米関係の強化と北朝鮮の脅威が主な理由だった。90年代後半、日本にとっての悪夢は中台紛争が起き、アメリカと中国の間で板挟みになることだった。何も起こらないように、と祈るのが日本の本音だった。

中国からは、そう見えない。台湾の独立を恐れて、そしてそれを可能にするアメリカの軍事介入を牽制するために本格的に軍備増強を始める。Su－27戦闘機、キロ級潜水艦、ソブレメンヌイ駆逐艦など、台湾との紛争に備えて急速に軍備増強を図った。台湾の対岸、福建省に短距離弾道ミサイルの配備を急速に増加し始めたのもこの頃だ。TMDも日米台を事実上の同盟関係に結束させるものだと警戒された。TMDをイージス艦に搭載する計画で、台湾へのイージス艦売却が検討されていたためだ（実際は、TMDを搭載するイージス艦とは型が異なるものだったのだが）。90年代後半、中国の安全保障担当者は「3つのT」で日米が中国を脅かすことを心配していた。台湾、チベット、TMDのTだ。チベットについては、アメリカ政府は1997年にチベット特使を設けた。中国はこれを国内不安を増す動きだととらえ、ずっと批判し続けている。

「敵がいなくなったのに、なぜ、日米は同盟を強化する必要があるのか？　新たな敵に対して強化しているのに違いない」。中国の言い分だ。これに対して、日米は、中国が1989年以降国防費をほぼ毎年10％以上増強しているのは、拡張主義的な意図があるからに違いない、と見た。2005年、ラムズフェルド米国防長官は、中国の国防費の伸びやミサイル増強について「中国に対する脅威がないのに、なぜ、軍備拡張を続けるのか疑問に思う」と批判した。TMDに対する中国の強い反発を聞いて、防衛庁担当者は、初めて中国のミサイルが日本を標的にしていると、実感したという。

戦略的不信

日米の対中認識に2000年ごろから変化が見え始めた。90年代は、むしろアメリカ国内で中国脅威論がさかんだったが、2000年ごろから逆転し、日本の対中脅威論が強くなる。

90年代まで、日本国内では、「日中関係が悪くなると政権が持たない」と言われた。日中関係は、それだけ日本国内で重視されていた。これは、70年代から90年代を通して一貫してそうだった。日米関係の先行きが不安なうちは、中国との関係を良好に保つ必要があった。1992年の天皇訪中が、日本国内の保守派の反対を押し切る形で実現したのも、冷戦後の日中関係重視の姿勢の表れだった。94年の『日経ビジネス』は、アメリカから離れて中国寄りに振れる日本を表紙にした。たとえ中国に対して懸念を抱いていても、公言

写真13『日経ビジネス』（1994年10月31日号）

することは、はばかられた。

先に触れたように、実際に一番の関心事は日米関係に次いで北朝鮮のミサイルの脅威だった。長年、中国の海洋進出について分析している研究者は90年代を思い出して、こう言う。「防衛庁の研究会でも官邸の会議でも、北朝鮮のことばかりだった。中国の海洋進出について話しても、周りの関心は薄かった」。

潮目が大きく変わったのは２０００年だった。海洋調査船が頻繁に日本の近海に出没し始めていた。ちょうど、日本の政府開発援助（ＯＤＡ）のあり方に世論の批判が集まり、その中で対中ＯＤＡもやり玉に上がった。対中ＯＤＡの見直しが決まり、大幅に削減されることになった。それまで、控えられていた対中脅威論が市民権を得た。それまでは、日中関係が悪くなると政権が持たない、と言われた永田町の常識が逆転した。「焼け栗を火の中から拾うこと」が評価され、中国を毅然として批判することが支持を得るようになった。日本経済団体連合会が日本の海洋権益を守ることを盛り込んだ提言などを発表し始めるのも、2005年頃からだ。

日本にとって、それまで最大の課題だった日米関係は、2000年には改善していた。2001年に小泉純一郎首相とブッシュ大統領（息子）が就任し、個人的な関係でも両国関係の絆を強いものにした。そこに起こったのが2001年9月11日の同時多発テロ攻撃だ。世界の覇権国として君臨し、同盟国に依存する必要がなかったアメリカが他国の支援を必要とする事態が起こったわけだ。いち早く小泉首相は支持を表明し、日米同盟はかつてないほどに良いという時期を迎えた。2003年5月の日米首脳会談で、小泉首相は日米同盟を世界の日米同盟に格上げした。

いち早く支持を表明したのは、しかし、日本だけではなかった。中国の江沢民国家主席もロシアのプーチン大統領も支持を表明した。江沢民主席は、世界貿易センタービルに飛行機が激突する様子をテレビで見ていたと言われる。中ロ両国には、テロとの戦いをきっかけに圧倒的な強さを誇るアメリカとの関係を改善したいという思惑もあった。中国の安全保障専門家らは、同時多発テロによって中国が息をつく余裕ができた、と話す。対中包囲網が形成されつつあると警戒していたところ、アメリカの安全保障上の関心がテロとの

写真14　蜜月の陰に同盟強化 夕食会でブッシュ米大統領と乾杯、シャンパンを飲む小泉首相（2006年6月29日撮影、© 共同通信社）

戦いに移ったのだ。アメリカは中国からの情報提供を期待して、急速に関係を改善させた。

ここで、日米の対中認識に乖離が生まれる。90年代日本では日中関係を良好に保つことが重視された。90年代に歴史問題で失言をすると、永野茂門法相や桜井新環境相らが大臣の座を追われた。アメリカが中国を将来の世界的な競争相手と見て、警戒を強め始めたときも、認識を共有しなかった。ところが、テロとの戦いで中国を協力相手だと見るアメリカに対して、日本は中国を敵視し始めた。2000年の海洋調査船の侵入とODA打ち切り、2005年のサッカーアジア・カップ後の反日暴動、2007－08年の毒餃子事件。日本人の対中認識は急速に悪化した。

それでも、その間の防衛政策の変化を追えば、中国がまだ政策の中心にないことが見てとれる。2004年の防衛大綱は、日米共同開発で進めるミサイル防衛システムを最優先に掲げた。そのため、わざわざ「弾道ミサイル防衛システムの整備等について」という文

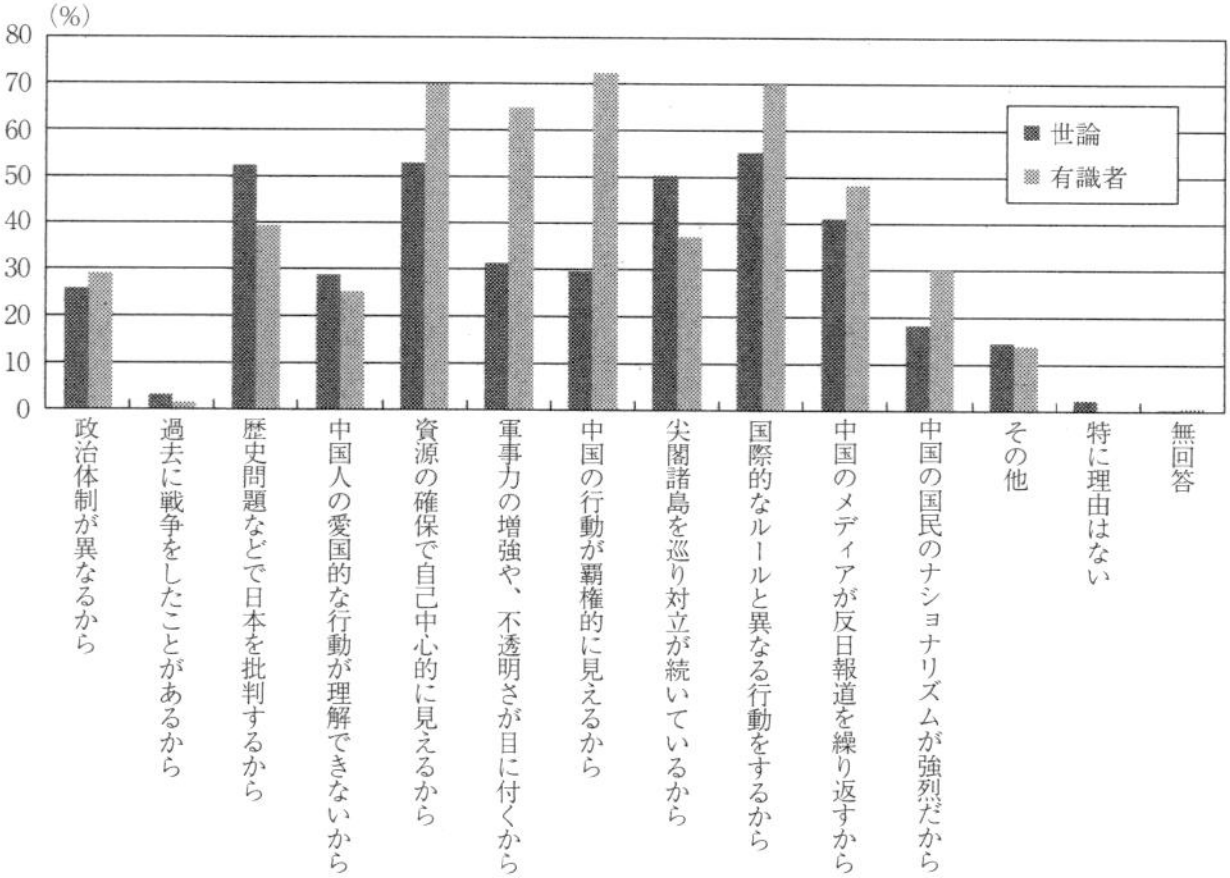

図10　日本の対中認識——良くない印象の理由

出典：言論 NPO「日中共同世論調査　2014年」

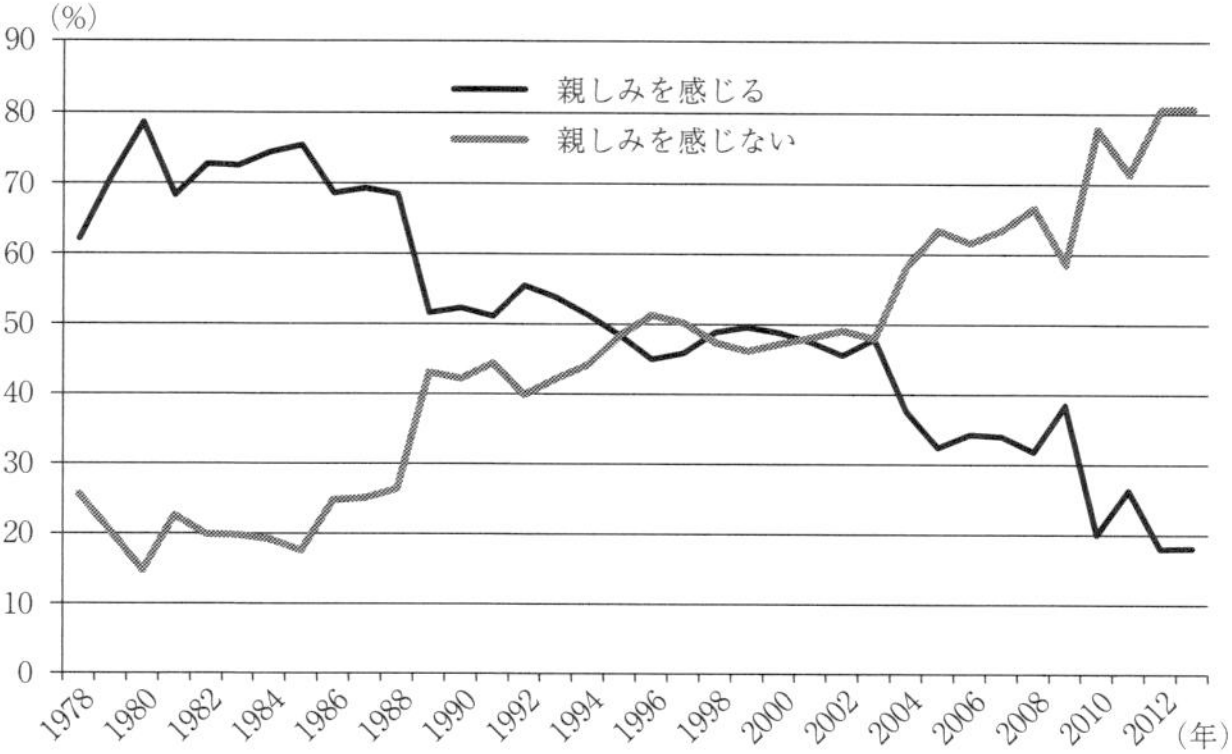

図11　中国に対する親近感

出典：内閣府世論調査　http://survey.gov-online.go.jp/h25/h25-gaiko/zh/z10.html

書を2003年12月に閣議決定し、陸海空各自衛隊から本格的な侵略に備えた装備を削減するように明記した。

新たな潮目は、2012年の尖閣諸島国有化だ。それ以降は、中国を肯定したり、弁護したりすることに政治的なコストを伴うようになった。

†よその戦争が終わって

2008年にアメリカはアフガニスタン、イラクの戦争からの撤退を開始する。戦争終結を公約にしたオバマ大統領がこの年、誕生した。同時に08年は、リーマンショックによる世界金融危機が起こった年でもある。図1（38ページ）でわかるように、アメリカ経済が停滞し、世界に占める割合が減った年だ。これに対して、中国は一時的に落ち込んだものの、10年には経済成長率を10・4％に回復させ、世界の中でいち早く経済不況を抜け出した。11年10月、ヒラリー・クリントン国務長官（Hillary Clinton）は、『フォーリン・ポリシー』誌に論文を寄せアメリカのアジア政策を打ち出した。アジアへの回帰だ。ピボット（Pivot）と表現されたが、これは、軸足を変えたり旋回したりすることだ。つまり、テロとの戦い、中東での戦争から軸足をアジアに移す、という意味だ。

この背景には、アジアの経済成長を自国の成長に生かそうという経済的な理由に加えて、アメリカがよその地域の戦争で忙しくしていた間に、アジアでの影響力が下がったのではないかという懸念がある。この時期、アメリカ国防省は、アジアにおける米中の影響力に関する調査をいくつか実施している。影響力の低下は、アメリカがいざという時に守ってくれないのではないか、という地域の国々の不安に根ざしている。アメリカの世界大国としての意識と力が低下し、同盟国としての信頼が揺らいだということだ。裏返せば、アメリカの防衛する意図に対する信憑性が下がり、同盟の抑止力が低下したということを意味していた。

†アジア回帰

アメリカがアジア回帰を開始したのは、2010年頃からだ。10年7月のASEAN地域フォーラム（ARF）会議で、クリントン国務長官は、南シナ海における航行の自由はアメリカの国益だと表明した。合わせて、アジアの海洋の公共空間（コモンズ）に自由なアクセスがあること、国際法の遵守もアメリカの国益だと明言した。中国の楊潔篪外交部長（外相）は、これに強く反発し一時は会議場から退室するほどだったという。中国は、南シナ海の領有権問題は、中国とそれぞれの国の2国間の問題という立場で、それまで多国間の場での交渉も拒否していた。そこへ、突然、アメリカが参入してきたのだ。

中国の安全保障専門家らは、2010年までは中国の外交はすべてうまくいっていたのに、と嘆く。それまで中国は、米中関係も、日中関係も良好だった。ASEANとの関係も良かった。2007年には温家宝首相が「融氷之旅」として来日し、小泉純一郎首相の靖国神社参拝で停滞していた日中関係の修復を図った。2010年5月に温家宝首相は再来日し、戦略的互恵関係を進めることで鳩山由紀夫首相と合意した。ところが、2010年夏以降、それぞれの関係が悪化した。9月には、尖閣諸島周辺で中国漁船が海上保安庁の巡視船に衝突し逮捕されるという事件が起こった。

†日米ガイドライン再改定

2014年の日米同盟強化の動きは、90年代のような同盟管理の要素は少ない。2010年ごろ、普天間基地移設計画の停滞が日米同盟に与える影響を心配した安全保障担当者らが、同盟50周年を機に新たな安全保障宣言を、と目論んだことはあった。しかし、2014－15年の日米ガイドラインの改定は、中国の尖閣諸島を始めとする海洋での活動を制することが主な原動力になっている。

しかし、1990年代から日本が進めているアメリカとの同盟強化は、中国の協調的な行動を促すのに功を奏しているとはいえない。中国の行動は改善するどころか悪くなっているからだ。

日米と中国の安全保障のジレンマについて、タカ派は日米が何をしようと中国は軍備増強を続けるだけなのでジレンマは起きていない、と主張する。中国の反応を気にして、日米が手控えることは中国を利するだけだ、という意見だ。一方ハト派は、日米が同盟を強化することが中国を敵対的にし、軍拡を惹起している、と主張する。ナイ元国防次官補(ハーバード大教授)が90年代に警告したように、中国を脅威だと思って行動すると本当の脅威になってしまう、という自己充足的予言だ。

†地理と歴史が日中のジレンマを悪化させる

日本が防衛力を強化するとき、その反作用、副作用について認識しておくことは重要だ。国際関係は、他国との作用-反作用の結果、形成されるので、どこか1国だけが原因だというわけではない。日本の政策がどのように他国に見え、どのような対抗措置を引き起こす可能性があるかということを承知している必要がある。

前の項で、安全保障のジレンマが激化する条件を挙げた。ここで、おさらいしておくと、①攻撃優位、②攻撃と防御の区別がつきにくい、③地理的に遮るものがない、④既存の不信感が存在する、などの場合、ジレンマは激化する。

日中関係をこの条件に照らして見ると、4つのうち3つの条件が当てはまる。

③の地理的な状況は、日本と中国は海で隔たれているので、陸続きの場合に比べて安全保障のジレンマは起きにくい。

②の攻撃と防御の区別がつきにくいのは、現代の兵器の特徴でもある。同盟強化の場合、同盟国同士の関係改善や維持が目的でも、同盟の外からは、外敵に備えているように見える。

①の攻撃優位については、軍事技術的に現在がとくに攻撃優位だということはない。ただ、弾道ミサイルは攻撃優位の状況を作っている。ミサイル防衛システムは開発が続けられているが、まだ精度が低い。一般的には攻撃側よりも防御側が有利なことが多い。地の利があるためだ。例えば空軍力の場合、攻撃側は自国の基地から出発し、防御側までの距離を飛び、防御側の防空網をかいくぐって、初めて敵地に入り攻撃を始めることができる。

防御側は補充も整備もその場でできるが、攻撃側は自国に戻らなくてはならない。陸上戦の場合も同じだ。海を隔てていれば、船や輸送機で海を渡り、攻撃を開始する。補給線は伸び、防御側よりも不利な状況で戦うことになる。しかし、防御側に有利な特性は離島をめぐる争いでは発揮されにくい。第4章と第5章で書いたように、離島は遠く、日中両国のほぼ中間にある。また、小さい島だとレーダや地対空ミサイルなどの防空システムを配備するには狭すぎることがある。尖閣諸島の場合は、日本政府が中国との関係悪化を避けるために、敢えて島に基地を置いていない。したがって、尖閣諸島の場合、攻撃優位とまではいかないまでも、防御優位が薄れる。

④の不信感の存在は、日中関係に大きく影を落としている。冷戦時代は、共通の敵ソ連と戦うことを優先させ、日中関係を良好に維持することが2国間の問題に優先した。冷戦終結後は、不信感が強い。

†人権をめぐる違いが不信感を増長させる

もちろん、日米が同盟強化を進めたことだけが、安全保障のジレンマ悪化の原因ではない。米中間の人権や民主主義に関する考え方の違いが不信感を増長している。そして、それを背景に中国は軍備増強を進めてきた。

中国にとって、冷戦の終わりは、国内の政治不安とほぼ同時に訪れた。1989年6月の天安門事件は、共産党政権にとって最大の危機だった。その後、中国政府にとっての課題は、政治的な変化を抑えて共産党政権を維持することと、それを支える高度経済成長の継続になる。そして、この2つは、相反する要素を含んでいる。経済成長を続けるためには、中国は外の世界に開かれている必要があり、技術者や管理者が海外と行き来できることが望ましい。ところが、それは共産党の政治支配を揺るがしかねない。

89年11月、鄧小平・中国国家中央軍事委員会主席は、タンザニアの大統領に対して、「西側諸国は社会主義国に対して非軍事的な第3次世界大戦を仕掛けている」と述べ、新たな冷戦が人権をめぐって始まっているという認識を示した。G7先進主要国を覇権と非難している。

91年12月のソ連の崩壊によって、この懸念はいっそう強くなる。ソ連の失敗は、経済改革に先んじて政治改革を実施したことであり、中国はソ連の轍を踏まないことが重要だった。アメリカでは封じ込め政策に反対して、対中穏健派が関与政策、「平和的な変革(Peaceful evolution)」を提唱したのに対し、中国ではこれを戦わずして内部から変革する

「和平演変」として警戒した。同じ、和平演変はアメリカと中国で、まったく違う意味合いを持った。

先に見たように、台湾、チベットの問題も中国からは、アメリカが人権や民主の問題で、中国を内部から崩壊させようとする試みに映る。天安門事件の学生たちをアメリカ政府が主導したという陰謀説は消えない。冷戦後、アメリカが人道的介入に積極的に乗り出したのも、「主権よりも人権」を尊重させる動きだと解釈された。中国には主権侵害だと映り、内政干渉にあたると考えられた。2014年9月からの香港の学生デモも裏でアメリカ政府が糸を引いているという見方が、中国人の間で根強い。

台湾問題を国内問題ととらえ、共産党と国民党の内戦の続きと見る中国政府とアメリカ政府の考え方には隔たりがある。アメリカにとって台湾は民主化の優等生に見える。かつては蔣介石の下、軍事独裁政権だった台湾は1987年7月まで戒厳令が続いていた。それが1988年1月に李登輝が本省人（台湾出身）として初めて総統に就任し、その後、民主化が進んだ。1996年3月の台湾海峡危機のとき、中国がミサイル発射で妨害しようとした選挙が、初めての総統直接選挙だった。

中国は、台湾の独立宣言を阻止するのに、武力行使を否定していない。そして、アメリカの介入を思いとどまらせるために、軍備を増強する。日米の同盟強化と軍事力強化は、中国の警戒感を高める。たとえ、中国の目的が「国内」問題であろうとも、アメリカの軍事介入を阻止するためには、衛星の破壊までも視野に入れなくてはならない。世界最強の軍隊を相手にしているので、日本を含め周辺国に影響を及ぼす。

†共通の敵がいない

歴史問題も人権問題も、また領土問題や台湾問題も日米中の間に横たわる問題だが、それ自体が関係を悪化させていると結論づけるのは早い。冷戦時代、ソ連という共通の敵に、協同して対抗していた頃は、これらの問題は水面下に追いやられて、問題として顕在化することがなかったからだ。

例えば、人権問題。70年代、アメリカが中国に接近した当時、中国は文化革命のまっただ中で、個人に認められる自由は制限されており現在とはまったく違う状況だった。しかし、このことがアメリカと中国との協同の妨げにはならなかった。80年代もアメリカは国連などの場で人権問題で中国を名指しして批判することを極力避けた。84年に訪中したワインバーガー国防長官（Casper Weinberger）は張愛萍国防部長と会談し「疑いもなく共産主義者だったが、反ソ連の共産主義者だ」と張について感想を述べ、中国との軍事協力の促進を模索した。つまり、共通の敵ソ連と対抗するためだったら、イデオロギーの違いや人権はさして大きな問題ではなかったということだ。

89年6月の天安門事件が起こった時、アメリカの世論は鄧小平が学生を軍によって弾圧したことに憤ったが、ブッシュ政権の反応は違った。ブッシュ大統領は鄧小平に2度にわたって手紙を送り、いかにアメリカが中国との関係を重視しているかを訴え続けた。

一方、同時期の日本は、中国に対する姿勢が強硬でないと見られ、欧米諸国から人権を尊重しない裏切り者として批判されていた。89年7月のフランス・アルシュ先進国首脳会議で中国を孤立させるべきでない、などと訴えたことなどが、そのような批判を招いた。

冷戦時代、中国は、台湾問題でも尖閣の問題でも「大事なのは世界の問題だ」としてソ連と対抗するために日米と協力することを優先させた。1972年に毛沢東はニクソン大統領に、「台湾問題は重要ではない」と言ったといわれている。尖閣諸島についても鄧小平が1978年に「こういう問題は一時棚上げしても構わないと思う。10年棚上げしても構わない」と東京の記者会見で述べている。この「棚上げ」については、現在、日本政府はそもそも棚上げする領土問題が存在しないとして、否定している。ただ、中国の側が、この時期に日本との協力を優先させて棚上げしようと考えていたことは間違いない。

中国側の変化は日米のそれよりも時期が早い。1987年にソ連国内で変化が生じ、日米では一部の戦略家が冷戦後の世界戦略を模索し始めた頃、中国は政権として外交政策を修正し始めている。その背景には、アメリカの国力がソ連よりも上回ったことや、1986年7月にソ連のゴルバチョフ共産党書記長（Mikhail Gorbachev）がウラジオストク演説で中ソ間の領土問題の解決や中ソ国境のソ連軍の兵力削減の意思を表明し、中ソ関係改善を呼び掛けたことなどがある。要するに、中国にとってソ連はかつてほどの脅威ではなくなりつつあったのだ。中国はこの頃から少しずつアメリカを警戒するようになり、それに応じて、日本への懸念も増した。1987年に日本の防衛費が初めてGDP1%枠を越えたとき、中国は強い懸念を表明した。1980年に日本の防衛費は2%くらいに増やすのが適当だと華国鋒総理が日本の軍備増強に期待を見せた頃とは、大きく違う反応だった。

†安全保障ジレンマの緩和

抑止には、そもそも安全保障のジレンマを引き起こす要素が含まれている。「殴ったら倍にして返してやる」「その線を越えて近づいたら撃つぞ」という脅しは、思いとどまらせるのに効果があるかもしれないが、逆に、相手を怯えさせる可能性がある。とくに、軍事力強化や、同盟強化でその脅しを明確にしようとすると、攻撃と防御や抑止の区別がつかず、安全保障のジレンマが生まれる危険がある。

「その線を越えたら撃つぞ」と言われて銃を構えられた時に、止まる場合はどんな時だろうか？　1つには、線を越えなければ撃たれない、という安心がある場合だ。「止まれ」と叫ばれて止まったのに結局発砲されたのでは、止まるだけ損である。止まれば、相手は撃たないという安心、保障が必要だ。これが、安心供与だ。ここに、攻撃したらやり返される、ただし、攻撃しなければ相手から攻撃されることはない、という状況が生まれる。そして、これが、安全保障のジレンマを緩和させる方法だ。さらには、これが、抑止を成功させる方法でもある。

安全保障、もっというならば、平和にとって大切なのは、戦争をする代償が大きいという状況を保つことだ。その1つが、これまで見てきた軍事力による損害だ。しかし、これだけでは不十分だということも見てきた通りだ。そこに必要なのは、平和の方が得だという損得計算と、平和が保たれるという安心感だ。これを人為的にどうやって作るかが課題となる。これは、次の第7章で考えてみよう。

†機会費用という考え方

機会費用という考え方がある。経済では常識のようだが、ふだん、あまり意識されていない。平和を維持するには、紛争の機会費用を上げることが重要になる。

難しい話ではない。戦争をすると損だという状況を、友好関係を維持することによって作るということだ。例えて言えば、いつもお世話になっている親しい人とけんかをするとマイナスが大きいが、そうでない人との仲が悪くなっても大した損はないのと同じだ。戦争を選ばずに、平和だったらこんなに良いことがたくさんあったのに、という状況を作ることによって、軍事力による損害だけでなく、戦争の代償を大きくする。失うものが大きければ、戦争は割に合わないものになる。戦争が抑止され、平和が保たれる。

機会費用とは、ある行動を選択することで失われる、他の選択肢を選んでいたら得られたはずの利益のことを指す。例えば、こういうことだ。

私がこの原稿を1日10時間書いていたとする。時給を仮に1000円として、1日1万円の収入（利益）だ。しかし、原稿にかかりきりでは、家事がたまる。そこで、昨日は10時間ずっと家事をしていた。掃除、洗濯、料理。ホームヘルパーに依頼すると時給800円で出費がかかるから、自分でやった方が安上がりだからだ。これで8000円も節約できたと思った。ところが、そこには機会費用が発生している。同じ10時間、原稿を書いていれば1万円の収入があったところ、それを失った。1万円の機会費用だ。節約分とで差し引き2000円のマイナスだ。

戦争を例に取ってみよう。戦争は、守りたい大事なモノをめぐる争いだと書いてきた。戦争によってそのモノをうまく得られたとする。守って維持する場合もあるだろうし、他国から奪う場合もあるだろう。そのモノをどこかの領土だと仮定しよう。攻撃側に立って考えてみる。領土の価値とそれを奪うのにかかる費用（代償）があり、価値の方が代償を上回れば戦争は「割に合う」。逆に代償の方が多ければ、戦争を思いとどまり、領土を取るのは諦めることになる。これが、軍事力による抑止だ。

†戦争の機会費用

では、機会費用にはどのようなものがあるだろうか。戦争が起こったことで貿易がストップするかもしれない。戦争が回避されていたら続いていたはずの貿易による利益が失われることになる。輸出で得られたであろう収入が失われ、輸入によって得られる物資も入らない。これが、経済的な相互依存だ。経済的な相互依存が平和の維持に貢献すると期待されるのは、戦争をすると失う機会費用があるからだ。

外交的に協力が必要な問題がある場合、協力が得られず解決できない可能性がある。これだけではない。人の交流もストップするだろう。留学生の往来、観光客の往来。金額に換算できない、人の往来によって得られる技術革新や芸術の誕生なども機会が失われる。

日中間で紛争が起こった場合、紛争が激化した場合の危険や軍事的な損害については、これまで第4章で見てきた。これに対して、機会費用も大きい。2013年の日中間の貿易額は、約30兆3000億円で、日本にとって中国は最大の貿易相手国だ。2位のアメリカは約19兆7000億円で大きく水を開けられている。中国にとっての最大の貿易相手国はアメリカでその額は約５２１０億ドル、２位が香港で、日本は3位で約３１２５億ドルだ。日中は世界3位と2位の経済大国だ。これにアメリカが加われば世界の1位、2位、3位の経済が戦うことになる。中国と日米両国との貿易の総額は約８３００億ドルに上る。

失われる利益は、2国間貿易にとどまらない。最近の製品は、1国だけで製造されていることは稀だ。原材料、部品、組み立て、という工程が何カ国にもわたって行われる。日米中の間の戦争は他国との貿易活動にも大きな影響を与える。日米中それぞれにとっての機会費用は大きい。

外交的な機会費用もある。例えば、北朝鮮の核兵器開発問題を解決するには、中国の協力が必要だ。北朝鮮に圧力をかけるにしても、安心を供与するにしても中国の役割が不可欠だ。また、もし、北朝鮮が内部崩壊した場合、北朝鮮を安定させる必要がある。安全保障上は、核兵器を安全に確保することが重要になる。もし、捕捉されない核弾頭がテロリストらの手に渡ったならば世界の安全に大きな脅威となるからだ。日本にとって、朝鮮半島の安定は大事だ。長期的に見れば、統一された朝鮮半島が韓国のように民主的で世界に開かれた地域であることが、日本にとっても地域にとっても望ましい。現在、北朝鮮と韓国の両方と安定した外交関係があるのは、中国だけだ。朝鮮半島の将来には中国の影響が大きい。

このほか、地球温暖化の問題、国際テロの問題においても、日中共通の問題は多い。紛争や対立によって協力ができないと、これらの問題の解決は難しくなる。それだけ紛争の代償が大きくなる。

†第1次世界大戦のころと何が違うのか

「経済的な相互依存は戦争防止に役立たない、第1次世界大戦が良い例だ」という反論がある。イギリスとドイツは開戦当時、世界で最大の貿易相手国だった。それでも戦争は起こった。

では、日中両国が経済的に密接な関係にあっても戦争は起きるのだろうか？　第1次世界大戦のころの世界と、現在の世界との大きな違いは、国際的な貿易協定があるかないかだ。世界貿易機関（WTO：World Trade Organization）があり、世界的な貿易のルールが制度化されていると、安定的な経済関係が保障される。WTOを通して提訴する道も開かれている。今は貿易によって経済が互いに依存していても、来年になったらわからない、という状況だと依存が戦争防止に果たす効果は薄れる。

旅の恥はかき捨て、という諺があるが、これは旅先では知っている人がいないので、何をしても恥にならない、という意味だ。再び会うと思うとできないようなことでも、もう会うことがないと思えばできてしまう。他人に迷惑をかけても自分勝手に振る舞うこともある。つまり将来の関係がないと思えば、現在の短期的な利益を優先させて行動するということだ。これを「未来の影（The shadow of the future）」と呼んでアクセルロッド（Robert Axelrod）らは自国の利益を追求する国家間にも協力が生まれることを説明した。

2国間関係の将来見通しが暗い、と認識すれば、短期的な利益だけで費用便益の計算をする。逆に、将来の利益が保障されていたらその利益を失うことも考慮して戦争を仕掛けるか、しないかの判断をする。そうすると、戦争による損害が多いということを事前に認識させるためには、現在だけでなく将来にもわたって利益があるが、それが戦争をすれば失われてしまう、という景色を水晶玉が映す必要がある。

†リベラル抑止

「リベラル抑止」というのは、筆者の造語だが、軍事力による抑止と相互依存を組み合わせる戦略を指している。相互依存には経済だけでなく、安全保障や外交的な依存も含まれる。普通、アメでなびかせる方法を宥和政策やリベラル政策と呼ぶ。これに対して、ムチを使うのが抑止だと考えられている。しかし、これまで見てきたように、抑止を成功させるには、破壊による脅しだけでなく、安心供与が必要だ。脅しだけの強制は、安全保障のジレンマにつながる可能性がある。また、戦争が割に合うか合わないか、の費用便益計算は、機会費用が多い方が平和の可能性が高くなる。

アメかムチか、という選択は、特定の行動への対応にも当てはまるが、長期的な政策にも当てはまる。リベラリズムは相互依存の深化、国際機関などの制度の確立を通じて敵対的な行動を抑制していこうという考え方だ。リベラル派からすれば、軍事力による抑止などが必要がない、という意見になるだろう。しかし、どんなに真面目な学生でも試験がないと勉強しなくなる恐れがある。試験があるから学生は勉強し、選挙があるから政治家は有権者の付託に応えて働く。そして、国家は攻撃すれば軍事力を使って反撃され（防御される）るから、戦争を断念する。しかし、そもそも友好関係を維持する利益がなければ維持する方向へ力は働かない。

「あっちの水は苦いぞ。こっちの水は甘いぞ」と言う歌の文句は、ホタルだけでなく国相手にも通用すると考えられる。ただし、国家の場合は、政策として両方の選択肢を提示するのは、意外と難しい。苦い水と甘い水の両方を用意することに国内からの支持は受けにくい。どちらか一方に比べて複雑だし、威勢が良くないからだ。「あの国はけしからん。断固として譲らず、軍備を増強して正義を守ろう！」と言った方がわかりやすく、支持も集めやすい。「あの国は悪いけれど、敵対的な行動を取らせないためには、軍備も増強するけれど、同時に仲良くやろう」というのは、矛盾しているように聞こえる。しかし、この政策を実行することが、水晶玉の平和と戦争の景色の違いを際立たせ抑止を実効的なものにする。

†制度化による平和

将来にわたる相互利益をより確実なものにするためには、制度化が有効だ。平和からの便益が失われないように、経済や安全保障の取決めを制度化し、違反するコストを高くしておく。そのための制度設計と実行について考えてみよう。戦争のコストに関しても軍事力によるもの以外についても考えてみたい。

一般的に、協調的な行動を促し、非協調的な行動を抑制する制度は、協調によって恩恵が得られる協定に違反した場合に罰則（コスト）があること、違反を特定できる査察制度があること、などが有効だと考えられている。違反していないのに罰せられたり、違反したのに罰を受けずに逃れられると、協定を守る動機が減り違反が横行しかねない。的確に速やかに罰することが重要だ。そのためには、協定の参加者が制度の効果を認めて、査察や罰則に十分な資源を投じることが必要となる。

東アジアのいくつかの制度は、罰則を伴わない。２００２年に中国とＡＳＥＡＮ加盟国が合意した南シナ海行動宣言（ＤＯＣ：Declaration on the Conduct of Parties in the South China Sea）や、14年4月に日米中など21カ国の海軍が合意した海上衝突回避規範（ＣＵＥＳ：Code for Unplanned Contact at Sea）はいずれも罰則はなく、ルールの遵守を強制できない。これまでの国際政治の研究で、罰則を伴う制度にすることによって違反の防止につながると考えられている。法的拘束力がある南シナ海行動規範（ＣＯＣ：Code of Conduct for the South China Sea）の早期策定が期待されているのもそのためだ。

†経済のプラスの保障

それでは、まず、経済的な制度の効果について考えてみよう。貿易による利益はＷＴＯなどで保障され制度化が進んでいる。例えば、２０１０年の尖閣諸島周辺の中国漁船事故の後、中国がレアアース（希土類）など鉱物資源の輸出制限をかけ問題になった。中国が日本に対する外交カードとして輸出制限を通じて価格引き上げを狙ったのではないか、とも見られた。この問題について12年に日本とアメリカ、EUがWTOに提訴し、14年8月に紛争処理上級委員会が日米欧の提訴内容をほぼ認め、中国の敗訴が確定した。これによって中国は輸出制限の撤廃に応じなくてはならない。WTO協定の違反については是正される方法が制度化されていることは、違反するコストが発生し、時間を経て協定遵守の規範が強化されることが期待される。

そもそも、2001年の中国のWTO加盟を後押ししたのは日本だった。中国を孤立させないで、国際システムの中に取り込みルールを守る国にすることが日中関係の安定と発展に重要だという判断に立ってのことだった。1972年の国交正常化以来、中国が経済的に豊かになり、政治的に安定することが、日本の利益であり対中政策の目標だった。79年から続けられている総額3兆円以上の対中ODA（政府開発援助）もそのためにあった。さらに日本に対して友好的であることが政策目標だったが、それは、近年達成できていない。政治的な安定と、その先の民主化もまだ実現していない。WTOのような多国間の制度に加えて、2国間や3国間の協定を増やし、制度化することが平和の便益を確立することに役立つが、政治的な対立から交渉が滞っているものが多い。

†安全保障のプラスの保障

安全保障面の協力も戦争や対立の抑制に効果的だ。冷戦時代、とくに1980年代の日米中関係が示すように、安全保障上の共通利益は3カ国の関係を安定させた。共通の脅威に対処するために、2国間に存在する問題を抑制し、3カ国間の協力を促進した。例えば、人権、台湾、歴史などに関する問題について、それぞれの国が2国間関係を大きく損なうことがないように管理していた。安全保障上の相互依存が、関係改善（紛争抑制）に果たす効果を、筆者は、「戦略的セーフティネット」と呼んでいる。

2001年の9・11テロ以降、戦略的セーフティネットが再び生じた。第6章で見たように、アメリカが日中に依存したからだ。当時、中国は反テロが共通利益の役割を果たすことを期待し、積極的に日米に働きかけていた。また、2003年ごろ、中国は北朝鮮問題でも中心的な役割を果たすことによって日米との関係を改善しようと模索していた。6者会合（核兵器開発問題を解決するための北朝鮮、韓国、中国、ロシア、日本、アメリカ6カ国の担当者による会議）の開催に向けて中国は北朝鮮との間の交渉役を買って出ていた。しかし反テロのセーフティネットの効果は、アメリカがテロとの戦いから徐々に撤退していったことや、中国が提供した情報がアメリカの期待以下だったことなどから、薄れていった。逆に中国が、台湾の問題で、日米に依存し台湾の独立への動きを抑制することに期待していた時期もある。陳水扁総統の時代（2000－08年）に台湾の独立指向が強かった時のことだ。2008年に現状維持指向の国民党の馬英九が総統に就任したことによって、両岸関係は当面安定している。その結果、中国が台湾問題で日米に依存する度合いは減った。それによって、日米が中国に影響を及ぼすことができる手段も減ったことになる。

安全保障の相互依存がある場合、友好関係が損なわれると協力が得られず安全保障上の損失がある。経済の場合と同じだ。損失を防ごうと思えば、自国の利益を譲歩して協調を目指す。譲歩によって失う利益よりも友好関係を維持して得られる利益の方を大きくすることによって協調的な行動を促すことができる。

安全保障の協力関係は、制度化することによって、より強固なものになる。その関係を壊すことの代償が大きくなるからだ。最も強固な制度化された関係は同盟関係だ。日米同盟も冷戦後ギクシャクしたものの、締結当初の脅威だったソ連が消えても新たな目的を見つけ生き延びている。それに対して、半同盟と呼ばれた米中軍事協力は制度化されていないこともあり、ソ連の脅威が消えると弱体化した。日中関係も同様だ。

制度化することのプラスの副産物の1つは、特定の制度（事業）の担当者ができることによって、日常的に連絡相手が特定されることだ。定期的な交流を通して、共通の規範が生じることが期待される。また、組織利益が生まれ協力事業が継続される、ということもある。中国人民解放軍の防衛交流の担当者は、交流を推進させたいと考え、事業の存続に努める。交流は、外国に行ける機会なので、軍の中でも人気が高く、ご褒美の要素もある。組織的、個人的な利益が生まれることによって、その事業を守ろうとする慣性の力が働き、制度がない場合よりも強い協力関係が維持される。

経済的相互依存に加えて、安全保障上の依存関係を築くことが重要なのは、多くの国において、安全保障政策と経済政策を担当している人が異なるからだ。戦争における費用便益の計算は、厳密な数字に基づいて行われるわけではない。安全保障政策の担当者は経済的なコストやビジネス上の損失を理解しているとは限らない。筆者の実体験を通しての感想でも安全保障と経済の議論は交わることがない平行して存在する2つの世界、パラレル・ワールドのようなことがある。マイナスが大きいという実感を与えるためには、安全保障分野でも依存関係を保持することが重要だ。戦争の最終的な決断は、政治のトップが安全保障と経済の両面を総合的に判断して下すにせよ、防衛・軍事当局者が安全保障上の機会費用を認識していることが判断に影響を与えると考えられる。

第8章　日本の選択

†世界の状況

　これまでの日本の安全保障政策は、攻撃されて初めて軍事力を使って防衛するという専守防衛だった。日本はアメリカと同盟を結び、日本はアメリカに本格的な侵略に対する防御と核兵器による報復を頼ってきた。アメリカには日本を防衛する義務があるが、日本にはアメリカを防衛する義務はなく、その代わり日本国内に基地を提供してきた。在日駐留米軍は、約5万人で米軍の海外駐留としては世界的にも多く、在韓米軍の約2倍の規模だ。日本が負担している在日米軍関係経費は約4700億円にのぼる。

　日本は、世界一強い軍隊に守られ、日本自身の防衛費は諸外国の防衛費の約半分から3

分の1程度ですんだ。GDPに占める防衛費の割合は、日本は1％だが、アメリカは3・8％、韓国は2・6％、英仏はともに2・2％、オーストラリアは1・6％、ドイツは1・5％だ。もし、日本がアメリカと同盟を結ばずに自前で同じだけの軍事力を持とうとしたならば、周辺国の警戒を呼び、日本包囲網ができていただろう。さらに、先の戦争に対する日本人自身による総括がないままに平和を享受することも、周辺諸国と良好な関係を築くことも難しかっただろう。専守防衛と日米同盟は、日本に自分の過去と正面から向き合うことを強いることなく、安全の確保を可能にした。その結果、日本は戦後70年間、戦争について悩むことなく平和を甘受して来られた。

80年代、日本が社会主義陣営に陥ることは大きく世界の均衡を変え、冷戦の行方を左右することだった。日本の安全保障上の脆弱さとソ連にとっての戦利品としての魅力が、アメリカにとって日本防衛を必要なものにした。アメリカが日本を見放す危険は、まずなかった。その上、90年代半ばまでの日本はアジアのトップランナーだった。経済大国で、民主主義国家で、高い技術力を誇った。日本には他国に提供する軍事力はなかったが、経済援助、市場、投資、技術力によって影響力を保持できた。また、周辺には日本を脅かす能力を持った国はソ連以外いなかった。

その前提が崩れてきている。

第1章と第2章で見たように、これから世界は大きな転換点を迎える可能性がある。いままで世界をひっぱってきたアメリカが今後も1国でその役割を担うことは難しくなってきている。アメリカが世界の紛争に介入しないと、世界のあちこちで安全環境が悪化することが予想される。アジアにおいても同様だ。アメリカは、自国の国益に照らして重要な問題には介入するが、それ以外の紛争には選択的に関与することが予想される。アメリカにとって必要な戦争は減るだろう。

同時に日本の戦略的な重要性が下がっている。冷戦終結は、日本の戦略的な価値を下げた。さらに過去約20年の経済低迷は日本の魅力を半減させた。加えて、沖縄の在日米軍基地は、かつてのような軍事的な聖域ではない。中国に近すぎるのだ。中国のミサイルと戦闘機の射程に入るため、戦時下では、在日米軍基地は脆弱だという指摘がある。もし、これが本当だとすると、基地使用の代わりに日本を防衛する、という「契約」は成り立たなくなる。また、これ以上、日本国内で基地負担を増やそうとしても、沖縄県の意思、沖縄県以外の都道府県の態度から、それは難しい。

このままでは、今までの安全保障体制を維持できるかどうかは不確実だ。

集団的自衛権の容認は、このような情勢認識に基づいて行われた。集団的自衛権の行使は、同盟国アメリカを繋ぎ止めておく効果がある。これまでのように日本を防衛することが自明の理でない以上、日本の側から同盟を強化する努力をする必要がある。また、アメリカの力の相対的な低下を日本が補塡する意味合いもある。さらに、集団的自衛権行使を容認すれば、オーストラリア、フィリピンというアメリカの同盟国と戦時の協力を想定した演習ができる。平時からの訓練、演習の実施によって、緊密な関係を築くことができる。防衛交流の実を上げるためには武器供与の役割が大きいという研究もある。武器輸出を緩和することも緊密な関係構築に役立つ。実際に参戦するかどうかは別として、外交的な関係が強化されることが期待されている。

では、何が問題なのだろうか?

†何が問題なのか?

これまで見てきたように、戦争は、水晶玉に明快な景色を見せることによって防ぐことができる。戦争を選んだ場合の被害と悲惨さを映す景色と、戦争を選ばなかったときの好ましい景色の対比が、戦争を防ぐ。それには、戦争が割に合わない、という状況を保つことが重要だ。その1つの方法が、軍事力による脅し、つまり抑止だ。もう1つの方法が、共通利益の拡大だ。しかし抑止にしても、これまで縷々述べてきたように認識の共有と一定の信頼関係がないと成功しにくい。潜在的な攻撃国が、日本の威嚇を信じると同時に、安心供与も信じないと成り立ちにくい。攻撃しなければ良い関係が維持されると認識される安心感によって抑止が強化される。マイナスとプラスの両方があって、潜在的な攻撃意思を断念させることができる。

2014年7月の閣議決定と現在の安全保障政策の問題点は、抑止のマイナス部分、つまり威嚇の強化に精力が注がれすぎていることだろう。2014年に入って、日本政府は次々と安全保障に関わる制度改正を進めた。4月の武器輸出3原則の緩和、12月の特定秘密保護法施行、そして7月の閣議決定だ。これらはいずれも、日本がアメリカやその同盟国と軍事行動をともにする可能性を増して威嚇の効果を高めることを目指している。また、他国が攻撃を受けた時に守ってあげることで、逆に日本を守ってくれる可能性を高めることを目指す。しかし、威嚇の強化だけでは足りない。抑止の効果を高めるためには、同時にプラスの利益構築と安心供与が必要だ。しかし、その部分への取組みは十分ではない。

政府が集団的自衛権容認を決定した具体的な理由の1つは対中国の抑止力強化だろう。

そうであるならば、中国との意思疎通の方法の確立、信頼関係強化、安心供与のシステムに多くの力を注ぐことが必要だ。日中首脳会談は２０１４年11月に2年半ぶりに実現したが、まだ、信頼を回復したという状況には遠い。日朝関係も緊張している。北朝鮮とは正常な外交関係にない。

†目的を見失わないように

アジアでは多くの国が日本の集団的自衛権行使を支持している。アメリカを始め、オーストラリア、タイもフィリピンも歓迎している。日本が集団的自衛権を行使することによって自国の安全に利益があるかもしれない、と考えている国からは日本の決定に支持が表明されている。

ここで忘れてはならないのは、そもそもの安全保障の目的だ。そして、集団的自衛権容認を含む安全保障政策の改正の目的は何なのかということだ。それは、日本が懸念を抱いている国との紛争を予防し、協力できる関係にまで改善し発展させることだ。集団的自衛権の行使容認や同盟強化は、あくまでもその手段だ。安全保障の目的を見失っては本末転倒だ。

したがって重要なのは集団的自衛権行使容認に懸念を表明している国々との関係だ。集団的自衛権行使を容認するのならば、それらの国との関係が改善し、紛争を予防するという目的が達成されないと意味がない。中国は集団的自衛権行使容認に関して、日本が中国の国家主権及び安全保障上の利益を損なわないよう要求する、と表明している。中国の懸念も念頭に置いて、日本の意図が誤解されないように、意思疎通を密にする必要がある。

中国の懸念に考慮する、と言うと「中国に遠慮する必要などない」、と反論されることがある。政府の懇談会に参加していた時も、このような意見があった。これは、筋違いの議論だ。なにも、中国に遠慮しているわけではない。作用には反作用が起きる。日本が取る行動が他国にどのように受けとめられ、どのような反作用を起こすのかを予測して、行動することが安全保障には重要だ。自分たちの行動によって、結果として、より安全になるのかどうかが肝心だ。

韓国も、また、集団的自衛権行使の容認に対して懸念を示している。7月4日の中韓首脳会談で、朴槿恵《パククネ》韓国大統領は、習近平中国国家主席とともに日本の集団的自衛権容認に関して懸念を共有していると発表された。この韓国の反応は皮肉だ。日本の国家安全保障戦略は、日米同盟の強化に続いてパートナーとの外交・安全保障協力の強化を挙げ、その中でも韓国との信頼・協力関係の強化を1番に掲げている。アメリカのアジア戦略にとっても日韓協力は重要な要素だ。ところが、自衛権行使の拡大が日韓関係の強化には結びついていない。アメリカが、朝鮮半島有事に際して日本の役割拡大を期待しており、日本としてはアメリカの意向を重視している。つまり、広い意味では、韓国を守るために今回の改正があると言えなくもない。ところが、その韓国は懸念を表明するという矛盾した状況が起きている。これでは、北朝鮮に対する抑止力強化には直結しない。

最近の日本政府の安全保障の取組みは、日米同盟の強化とオーストラリアとの連携強化がその中心だ。また、中国と領土問題などを抱える東南アジア諸国への能力支援につながるＯＤＡ大綱の改定も進めている。これまで日本は他国軍への支援はしないという原則を掲げてきたが、検討されている改正案は、民生分野や災害救助などが目的ならば軍の活動でも支援できるという内容だ。安倍首相が、「地球儀を俯瞰する外交」と称して就任２年間で50カ国を訪問した積極性は賞讃に値する。しかし、安全保障上のことに、精力を費やすのであれば、日米との関係強化に加えて、同時に、中国との関係強化を進める必要がある。中国との首脳会談が、50カ国目にようやく実現したことからもその距離がわかる。首脳会談を受けて、尖閣諸島周辺の事故などを防ぐための海上連絡メカニズムの協議が再開されたことは歓迎すべきことだ。危機管理と意思疎通の方法が確保されていることの重要性は第4章で見た通りだ。しかし、海上連絡メカニズムは、通信用の周波数の設定など現場での対応方法が中心だ。それも大事だが、望まれるのは、政治のトップレベルで意思疎通が図れる方法が確保されていることだ。日米関係強化に割かれるエネルギーに比べて、日中関係に割かれている労力は少なすぎる。

†南シナ海の紛争に参加するのか?

ここで考えなくてはいけないことが2つある。1つは、日本の集団的自衛権行使を支持している国の理由だ。アメリカとオーストラリアは東アジアの安定のために日本と協力を強化することによって自国の負担が減ることに期待しているだろう。負担の軽減だけでなく、日本と協力することによって地域的なネットワークを構築し、地域の安定を乱す行為を抑制する機能が強化されることを期待していると考えられる。フィリピン、ベトナムなどは、南シナ海の領有権を中国と争っている。また、かねてから中国の影響力が強くなることに対して日本と均衡をとりたいと考えている国もあった。日中間の対立は困るが、どちらか一方が強くなりすぎることも好ましくない、という立場だ。それだからこそ、東アジアの地域枠組がASEAN中心に構成され、日本か中国のどちらか一方が主導権を握ることは歓迎していない。

考えなくてはいけない点の2つめは、支持しているこれらの国の期待に日本がどれだけ応えるのか、ということだ。米豪と協力することは、地域安定のための負担を分けることになり日本の安全につながる。日本が協力しなければ、その分、米豪がアジアと日本の安全に振り向ける資源（兵力、人的資源、財政的資源など）は減る。しかし、米豪の国益は日本と重なる部分も多いが同じではない。有事の際に協力するか否かは、判断が分かれる。協力すれば日本の国益が損なわれる恐れがある。逆に協力しなければ日米豪が一枚岩ではないことを示すことになり、日本が攻撃された場合の抑止力が低下する可能性がある。他方、フィリピン、ベトナムの日本に対する期待は中国に政治的、軍事的に対抗することだろう。ここでも、日本の利益とフィリピンやベトナムの利益は共通している部分もあるが、していない部分もある。フィリピンのどの利益を守ることが日本の国益、安全につながるのか。逆に協力しないと、どのくらい日本の安全が損なわれるのかについても考える必要がある。

例えば、南シナ海で中国が拡張主義的な行動を取り、フィリピンと武力衝突したと仮定しよう。海洋の安全航行の確保は日本にとってもアメリカにとっても重大関心事だ。また、日本は武力による現状変更にも反対の立場を取っている。中国の武力行使に対して、日本は静観することを選択するのだろうか。あるいは、集団的自衛権を行使してフィリピンとともに応戦するのだろうか。静観すれば、自由航行の重要性を訴える主張が弱まり、中国に対する強制力、抑止力は低下するかもしれない。中国は、1988年3月にはジョンソン南礁（Johnson South Reef　中国名：赤瓜）をめぐりベトナム軍と衝突し、約70人のベトナム兵が戦死した。その後も中国は、ミスチーフ礁（Mischief Reef　中国名：美済）などで工事を行い、実効支配を強化してきた。他国は紛争の激化を恐れて軍事力で対抗せず、少しずつ中国が支配する岩礁が増えている。2014年11月には、ファイアリー・クロス礁（Fiery Cross Reef　中国名：永暑）に中国が滑走路を建設できるほどの面積を埋め立てていることが確認された。中国が自国の権益を守るために他国を軍事力で排除しようとする可能性もある。そのとき、日本はどう行動するのか？　日本は南シナ海の紛争には関わらない方が、日本の安全と地域の安定にプラスなのか、あるいは、紛争に関わった方が平和が保たれるのか。今から考えておく必要がある。

集団的自衛権の行使容認を含めて、今、日本政府が進めていることは仲間作りだが、他国との協力は双方向に義務が生じることを覚悟しないといけない。今は、中国と一番仲が悪いのは日本なので、日本が困っている時に他国が協力してくれる、というイメージが強いかもしれないが、その逆もあり得る。しかも、中国との紛争で協力を要請されるだけでなく、他の第3国との紛争で協力を求められることもあるだろう。その国との関係を損ねることは日本の本意でないかもしれない。グローバル化した世界では、利害関係が複雑に絡んでいて、1国に対してしたことが、回り回って自分の利益を害することが考えられる。風が吹けば桶屋が儲かる、あるいは損する、ということが、国際政治でもある。

†日本の選択

ここで、これから日本が進むべき道についていくつかの選択肢を挙げて、検討してみたい。どの選択肢が正しい、ということはない。ただし、それぞれの選択肢に長所と短所がある。また、同時に追求しなくてはならない政策がある。片方だけでは効果的でなく、逆効果の場合すらある。繰り返しになるが、安全保障においては、作用には反作用を伴うことも認識しておく必要がある。

†選択肢① 現状維持

選択肢の第1は、このまま何も変えない現状維持だ。集団的自衛権の行使はせず、個別的自衛権だけで対応する。防衛費の水準も現状維持で、GDPの約1%程度のままにする。日米同盟は維持するが、日本の役割は基地の提供と後方支援が主になる。日本の防衛に対しては、万が一侵攻があった場合は日本がまず反撃し、アメリカの来援を待つ。国連平和維持活動（PKO）も、参加要件に変更はないので、停戦後の活動を維持する。

この選択肢の利点は、変化に伴う不安定を引き起こさないことだ。国際社会は変化に弱い。不確実なものには反応するので、国際関係が流動的になり不安定になる。同じだと対抗措置は惹起しない。周辺諸国との緊張関係も現状維持で、極端に悪化することはないだろう。

欠点は、ジリ貧に陥る危険があることだ。アメリカの影響力が低下し、軍事介入しなくなった場合、世界各地で紛争が増えることが予想される。アルカイダやISILによるテロ攻撃、ウクライナ上空のマレーシア機撃墜などの死傷者は世界各国に跨がっている。全般に世界の安全状態が悪くなる可能性がある。また、東アジアにおいては、安定が保たれ

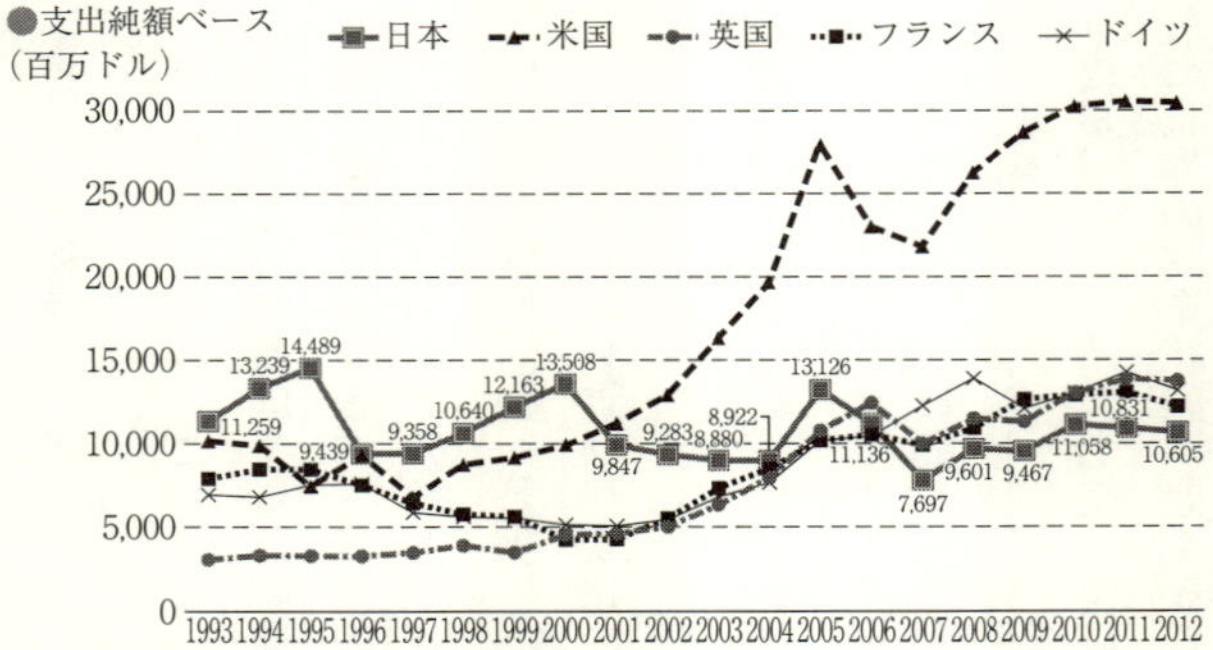

図12　主要 DAC 加盟国の政府開発援助実績の推移

出典：外務省　http://www.mofa.go.jp/mofaj/gaiko/oda/about/oda/oda_jisseki.htm
DAC プレスリリース、DAC 統計（DAC statistics on OECD. STAT）
＊1　東欧および卒業国向け援助を除く。
＊2　2012年については、日本以外は暫定値を使用。
（注）DAC：OECD 開発援助委員会（Development Assistance Committee）

るとしても日本が地域の将来について主導権を発揮できる可能性は徐々に低下するだろう。

†選択肢②　非軍事的国際主義

第2の選択肢は、防衛政策については現行のままだが、民生的な協力活動や政府開発援助（ODA）を増やす、というものだ。日本のODA実績額は、1989年から2000年まで1990年を除いて世界トップだった。2001年にアメリカに抜かれて2位に、2007年には5位になった。他国はテロ対策の一環として開発援助を増やしている。

内戦やテロを防ぐためには、軍事的介入

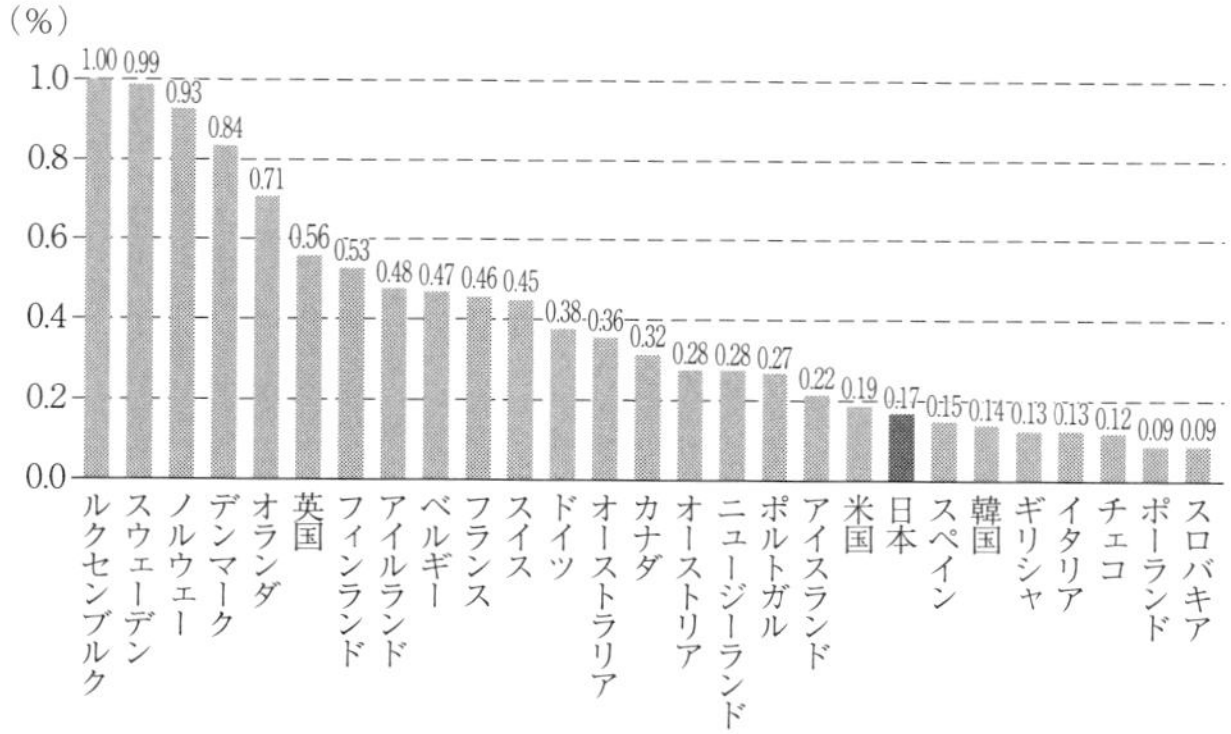

図13　DAC諸国における政府開発援助実績の対国民総所得（GNI）比（2012年）

出典：外務省　http://www.mofa.go.jp/mofaj/gaiko/oda/about/oda/oda_jisseki.html
DACプレスリリース
＊1　支出純額ベース　＊2　東欧および卒業国向け援助を除く
＊3　日本以外は暫定値を使用
＊4　掲載されているＤＡＣ加盟国は、2013年11月末日時点のもの

が必要となるほど事態が悪化する以前の段階でその社会に対して国際社会が開発援助などを行う必要性が指摘されている。統治能力（ガバナンス）が低下し、テロの温床となる社会に対して、単なる金銭的な援助ではなく国際協調を促すような教育面などの支援が効果的だと考えられている。自爆テロの追跡調査をした研究によると経済的な理由でテロに加担する場合は多くないという結果が出ている。

日本は2012年のODA実績は約106億ドルで世界第5位だった。これを増額する必要がある。この額を国民総所得（GNI）比でみると、0・

17%で第20位。1970年の国連総会でODA支出目標をGNI比0・7%と設定した。これによれば、日本が支出すべき額は約400億ドルだ。この目標値は、日本だけでなく、ほとんどの国で守られていない。

国際的な支援体制の強化や紛争予防につながる効果的な援助計画を策定するためには、多くの専門家の参加も必要となるだろう。これまでの国際援助の傾向は、問題が起きた後や、石油など戦略的物資の産地には国際的な関心が向き支援が集まりやすいが、それ以外のところには集まりにくい。例えば、2001年9月10日、同時多発テロの前日まで、国際社会のアフガニスタンへの関心は低かった。1979年のソ連のアフガニスタン侵攻以来、アフガニスタン国内の混乱は知られていたが国際社会は放置してきた。

この選択肢の利点は、①と同じで、変化による安全保障のジレンマを生まない。集団的自衛権などをめぐり日本の世論が二分されているなかで、この政策には世論も抵抗感が少なく支持が多いだろう。

欠点は、即効性がないことだ。安全保障の施策として不安定な社会が安定するには、長い時間がかかる。中長期的な課題として取り組む必要がある。哲学としては抵抗感がなくても、予算拠出に支持がどれだけ集まるかは不透明だ。また、アメリカの力の低下による悪影響は選択肢①と同様だ。その流れを逆行させるためには、ＯＤＡや緊急援助費を大幅に増額する必要がある。安全保障から見た援助強化の目的としては、ⓐアメリカなどの支持を増大させて日本の安全を保障する手段とする、ⓑ受給国及び国際世論における日本のイメージを良くして国際的な影響力を増大する、ⓒ国際安全保障環境の改善、がある。最も重要なのは、言うまでもなくⓒだ。ⓐとⓑは、安全保障提供者の当事者意識が薄い。意識転換がないと、安全保障環境の改善は期待できない。

また、アメリカの影響力の低下によって世界各地で不安定になった場合、協力事業の実施は難しくなる恐れがある。安全の確保は他国に任せて、日本は安全な場所で活動することになる。

†選択肢③　軍事的孤立主義

日本は戦後、基本的に孤立主義を貫いてきた。日本は、専守防衛政策をとり、軍事力を使うのは、日本が攻撃された場合だけだった。日本の憲法は、他国の戦争に参加することを認めておらず、孤立主義の立場を取っている。選択肢③は、この路線を維持するが、日本自身の防衛については、現状よりも積極的に軍事力を用いる。しかし、国連ＰＫＯや他国の問題には基本的に介入しない。介入する場合は、日本の防衛に密接に関わる場合に限り、死活的な国益が損なわれる場合に限る。

集団的自衛権の行使は限定的で、個別的自衛権の強化を目指す。日米同盟は維持しながら、武器の装備、使用範囲も広げる。例えば、具体的には、これまでは保有していない長距離ミサイル、空母、原子力潜水艦などだ。現在は、アメリカに依存している反撃能力、敵基地攻撃能力（策源地攻撃能力という）についても自前で整備する。専守防衛の下でも核兵器の保有も可能だ、という議論もある。これは極端な例だが、自衛のために必要な軍備は制限を設けずに備える。

この選択肢は、防衛費の増大が必要だ。これまでGDPの約1％をメドにしてきたが、アメリカがしばしば要求しているアメリカ並の3－4％にすると現在の3倍から4倍になる。金額にすると、2014年度当初予算が、4兆7838億円なので、約19兆円にのぼる。

7月の閣議決定も、憲法の改正を経ていないこともあり、孤立主義を大きく踏み出してはいない。国連安全保障理事会決議に基づく国際協力は含まれていない。

この選択肢の利点は、日本の安全保障に専念できることである。他国の紛争に巻き込まれて、日本が標的になることがない。今後、アメリカの介入コストが増すことを考えれば、アメリカへの依存度を減らすことは、それだけ不確実性を減らすことができる。自主防衛能力を増強する一方、攻撃された時だけ武力行使する態勢は変えないので、シグナルとしては明確なことが期待される。

弱点は、日本の軍事能力が増加することによって生じる不信感をどうやって払拭するかだ。憲法を変えずに専守防衛に徹するといっても、防衛費が3倍、4倍になったら周辺諸国は警戒する。安全保障のジレンマが惹起される可能性は高い。ジレンマを抑制するためには、歴史的な総括を日本人自らが行い、それに基づいて、周辺諸国と歴史認識について和解することが必要だ。これには、政治的なエネルギーが必要で、相当の覚悟を要する。

†選択肢④　積極的軍事的国際主義

選択肢④は、日本の防衛に限定するのではなく、国連安保理決議に基づいて積極的に軍事力行使も行うものだ。日本は、1992年にPKO法が成立してから国連決議の下、平和維持活動に協力しているが、限定的だ。7月の閣議決定でも侵略行為に対抗するための国際協力としての支援は含まれなかった。

この選択肢が、究極的に目指すのは、集団安全保障の確立だ。第2章で触れたように、集団安全保障とは、1国ではなく、集団で集団全体の安全を保障する体制だ。どこかの国が侵略されたら、それ以外の国が集団でその国の防衛に当たり、侵略国に反撃し、開戦前の状態（status quo ante bellum）への復帰を目指す。

もともと日本の憲法と安全保障は、国連による集団安全保障が確立していることを前提として成り立っている。日本が独自に軍隊を持ち、戦争をしなくても、万が一、侵略されれば国際社会が国連の下、日本を救いに来援するというしくみだ。ところが、戦後ほどなく1948年頃には米ソの対立が顕著になり、国連は集団安全保障の装置として機能しなくなった。国連軍が結成されたのは、1950年の朝鮮戦争の時だけで、ソ連が退席中だったためだ。

この選択肢の利点は、アメリカが積極的に介入できなくなる分、日本が補塡し、国際安全保障の改善に貢献することだ。自国の利益を追求するために軍事的に積極的になるのと違って、国連安保理決議の下の活動なので、日本に対する安全保障のジレンマは抑制されることが期待される。集団安全保障が確立し、国連PKO活動を通じて他国の軍隊との連携を深めれば、日本への不正な攻撃にも他国とともに防衛に当たる事ができる。

弱点は、集団安全保障が確立するまでは、不確実性が大きすぎるという点だ。日本が攻撃された時に、他国が助けに来てくれるかどうか信頼性がなければ、他の施策も講じる必要がある。また、集団で集団の安全を保障する、というしくみは一見負担が少なくて済みそうだが、制度が確立するまでは多大な防衛費がかかる。集団のメンバーの1国に対する攻撃はどんなに小さいものでも集団で軍事介入する必要がある。例外なく防衛に当たらないと「戦争は割に合わない」という規範は確立しない。それまでは、自国の国益とは関係がない国の紛争にも介入しなくてはならない。確立するまでは厖大な戦費がかかる。集団安全保障は、人類が新たな高みに一歩前進したことを意味するが、各国の利害の不一致、利益追求からすると、その高みに登るのは当面あり得ないと考えるのが妥当だ。また、国連安保理の常任理事国に拒否権があり、常任理事国でない日本の発言力は限定されている。

7月の閣議決定は、国連PKOを含む国際協力に関しては、活動範囲の要件を緩和したものの、原則的に容認するという立場はとっていない。

選択肢⑤　消極的（限定的）軍事的国際主義

この選択肢は、選択肢④に近いが、軍事力の行使は限定的なものにとどめる。日本の防衛に限定する孤立主義には立たず、国際安全保障環境の改善を目指す。海外の紛争に関与する場合は、国連決議に基づく。参加する活動は、④のようにどの紛争にも介入するのではなく、民族浄化（ethnic cleansing）など正義が著しく侵されている場合など優先順位をつけて選択的に関与する。

日本の防衛に関しては、日米同盟を堅持し、集団的自衛権行使も容認する。しかし、死活的な国益が直接侵される場合にのみ軍事力を使う。つまり、日本が攻撃を受けた場合とシーレーンなど日本に重要性の高い公共空間を防衛する場合だけにとどめる。東アジア地域においても国際主義に基づいて、多国間の集団安全保障の枠組の構築を目指して行動する。

この選択肢の利点は、選択肢④に比べて介入する紛争が限定的で、防衛費も少ないことだ。また、国連の活動を通じて、日本の存在感が増し、また他国との協力が促進されることが期待される。アメリカの影響力の低下によって、安全環境の悪化が最も懸念されるのは、途上国の国内情勢、ガバナンスの低下による治安、安全保障環境の悪化だ。これらの問題に関与し、国際安全保障の状態の悪化を防ぐことに貢献できる。

弱点は、日本防衛以外のところに資源を相当配分しなくてはならないため、防衛費が増えることと、国連PKOの活動が日本の防衛には直結していない点だ。選択肢③に比べて安全保障のジレンマは起きにくいが、これまでよりも軍事力を用いることになるので、周辺諸国の理解を得ることなどの外交努力が必要になる。また、日本の世論が他国への不正や攻撃に対して、関心を抱けるかどうかが問題となる。関心を持てないと、孤立主義的な安全保障政策を脱することはできない。

私の考え

私の考えをここで少し述べておきたい。世界に起こっている変化を見ると、日本がこれまでの安全保障政策を続けて安全を確保するのは難しい。日本は国際システムから多大な恩恵と利益を受けているので、積極的にこの国際システムの維持を図ることが必要だ。そのためには、集団的自衛権の行使を容認する必要がある活動もあると考える。私は、今回の改正では見送られた、国連の下での国際協力活動にもっと積極的に取り組む必要があると考えている（国連の活動であれば、集団的自衛権の対象外だという意見もある）。
ただし、集団的自衛権の行使に向かって動くのであれば、3つのことが不可欠だ。これらをしないで集団的自衛権行使に踏み切ることは、安全を損ねることになりかねず、賛成できない。

1つめは、どのような場合に集団的自衛権を行使するのかについて、国内で幅広い議論をする必要がある。どのような場合に集団的自衛権を行使するのかが明確ではないと、抑止は成功しにくい。現状は私たち国民にだけでなく、潜在的な攻撃国に対しても明らかではなく、明確なシグナルになっていない。歯止めが効かなくなるのではないか、という議論があるが、安全保障の観点から歯止めが問題となるのは、憲法を逸脱する戦争をする国になることではなく、他国に脅威感を与え安全保障のジレンマに陥り、安全が損なわれることだ。また、歯止めをかけるのは私たち国民であり、私たちの付託を受けた政治家だ。そのためには、活発な議論が必要となる。集団的自衛権はあくまでも手段でしかない。何を守り、どのような世界を作り維持するのか、安全保障の目的についての議論が重要だ。第4章で見たように、民主主義の方がシグナルを送ることに優れていると考えられているのは、戦争決定者以外の議論が透明だからだ。

その関連で言えば、今回の閣議決定に際して、政府は十分な説明をしていない。1国で平和を守れる時代ではない、という表現が何回か使われたが、集団的自衛権の行使がこのことにどう関係しているのかについて詳しい説明はない。アメリカ1国では守れないから日本も一緒に戦う必要があるということを意味しているのか。または、グローバル化が進み、1つの国で起こった出来事が世界に影響を及ぼすから日本も他国の紛争に介入する必要がある、と言っているのか。あるいは、テロなど国境を跨ぐ安全保障の問題が起こり、日本もこれらに関わっていくということなのか。安倍政権が掲げる積極的平和主義は、国際主義的な安全保障目標を掲げているが、これが、日本を守るために他国の協力を取り付けるための方策にすぎないのか、あるいは、世界の他の地域で起こっている問題が日本にとっても脅威だと認識し、本当に解決していこうと考えているのかについては、明確でない。政府の説明が専ら日本自身の防衛にとって必要だという説明に終始したからだ。

日本の防衛に必要だという理屈で、集団的自衛権やグレーゾーン事態を説明したため、尖閣諸島への脅威が強調されすぎた面もある。尖閣諸島の問題は、主権の問題なので、国内に反論が少なく、国民に対して、政策や武器を売り込む時に正当な理由として使われやすい。以前は、国際貢献のために必要という理由がよく使われた。例えば、航続距離を延長するため専守防衛を逸脱するのではないかと議論された、空中給油機導入の時の説明がそうだった（空中給油機の正式名称は、「空中に於ける航空機に対する給油機能及び国際協力活動にも利用できる輸送機能を有する航空機」）。尖閣諸島を強調しすぎることは、中国に誤ったシグナルを送ることになると同時に、日本国民に誤ったメッセージを送る。日本政府は、一方では日本への脅威と位置づけながら、その実、尖閣の問題を軽んじているようにも見える。尖閣諸島の問題は、意図せぬ不測の事態から戦争に激化する危険がある。火を扱うような細心の注意が必要だ。国民に対しては、尖閣諸島の問題だけを強調するのではなく、中国の潜水艦や軍艦が、第2列島線を抜けて太平洋に出て行くことの安全保障上の意味などについても説明し、それを日本は阻止するのかどうか、などについても議論する必要がある。

2つめは、中国との関係改善と関係強化に全力を傾けることだ。失うものが大きい関係を築く必要がある。そのためには、外交努力だけでなく、アジアにおける安全保障制度の確立を目指さないといけない。多国間安全保障枠組を作り、その中に中国を組み入れていくことが重要だ。2010年ごろまでは、中国を中に取り入れる形の枠組作りの議論がさかんだった。安全保障だけでなく、経済でも同様だ。最近は、対立する形のグループ作りが日立つようになっている。これは、基本的な発想は力による抑止と同じで、この枠組では、戦略に必要なプラスの側面、懐柔して社会化する（socialization）機能は果たせない。日米中の間に、現在は、冷戦当時のような強固な安全保障上の依存関係が存在しない。また、その後の国際テロや、北朝鮮問題も一時期に比べて、共通利益だという認識が弱くなっている。これら2つの問題は、いずれも中国が最初は積極的だったが、日米が期待するような協力を中国がしなかったことによって、徐々に協力体制が薄れていった。テロに関しては、中国がアメリカに提供した情報は、アメリカが期待するような内容ではなかったという。また、北朝鮮の6者会合も2007年3月の第6回を最後に開催されていない。

人為的にでも共通の安全保障上の利益を保障するしくみを制度化することによって依存関係が構築され、信頼醸成につながることが期待される。第4章で見たように信頼は抑止を成功させる前提でもある。2014年現在、戦略的な不信が強く、現状では依存関係の構築は容易ではない。しかし、協力できる分野から少しずつ協力し、制度化していくことが必要だ。

災害救助の協力や水難事故の際の協力など、低いレベルの協力からでも始め、制度化することが必要だ。ソマリア沖アデン湾の海賊対策には、中国海軍も船を出して船舶の保護に当たっている。中国籍の船が対象だが、実際は、それ以外の船の保護にも当たり、日本の船も含まれる。しかし、中国は多国籍の艦隊である第151合同任務部隊（CTF－151：Combined Task Force-151）には参加していない（参加国：アメリカ、日本、カナダ、イギリス、オーストラリア、韓国、フランス、デンマークなど）。合同任務部隊への参加が実現すれば、実際の共通の任務達成に向けて協力し信頼醸成につながるとともに、依存関係が制度化される。2014年7月には、CTF－151に参加する韓国軍と中国海軍のエスコート部隊（ETG－150）が情報交換など協力を促進することで合意したという。このような協力を多国間制度の中で実施していくことが効果的だ。

軍は、内向的な思考に陥りやすい。中国の場合、海外の会議に参加するのは、海外会議要員の場合が多い。実際の戦闘部隊の軍人が外国の軍関係者と交わる機会は少ない。そのために、共通の任務の活動を通して、実践の場で交流を深める必要がある。誤認を減らすためにも、正しくシグナルをやりとりする共通認識の醸成が重要だ。

経済的な相互依存が紛争抑制の効果を発揮できるように、制度化を進めることも大切だ。日中、あるいは日中韓の自由貿易協定（FTA）は、戦争の機会費用を高くする。日中韓は、2012年11月、FTA交渉の立ち上げを宣言し、その後、14年8月までに5回交渉会合を持った。FTAは北東アジアにおける紛争の抑止のために効果が期待される。日中の金融協力については、11年12月に合意し、円と人民元の直接取引を12年6月に開始した。その他、環境保護など種々の分野における協力についても、政治的に関係が悪化しても停滞しないように制度化を促進する必要がある。2国間だけでなく、数カ国、多国間など、多層的に制度化することが有効だろう。前例はある。かつて1990年代にアメリカと貿易問題などで、対立したとき、2国間交渉に加えて、EUとの連携や国際機関を通しての働き掛けが有効だったと言われている。

3つめは、先の戦争に対する日本人による検証だ。なぜあの戦争が始まり、拡大したのか。なぜ、負けたのか。あるいは、なぜ負ける戦争を始めたのか。もし、私たちが1930年代に生きていたら、違った道を選択していただろうか。1941年にどういう行動を取っただろうか。そして、どのように違った道を選択できただろうか。この問いに答えが出せないと、新たな道を進むのは難しい。私は、過去の戦争の原因について検証し、私たち自らが総括できないのであれば、次の戦争の判断をすることはできないのではないかと思う。

過去の検証というのは、どの社会にとっても容易ではない。とくに、日本の場合は、アメリカの冷戦戦略の一環で、戦時中の指導者らを1950年以降、要職に復帰させたため、戦争の検証がさらに困難になった。70年も前の戦争について日本人が検証することは、寝た子を起こすことになると懸念する声もある。反動で日本社会の対立を助長する危険もある。しかし、この作業を日本人自身でやり遂げない限り、日本は前に進めない。

1つの方法として考えられるのは、他国への謝罪や釈明を意識せずに、日本人が自ら歴史に向き合うことではないだろうか。戦後60年の2005年10月に読売新聞が行った調査によると、68・1%が中国との戦争が侵略戦争だったと考えていた。他方、日本の政治指導者、軍事指導者の戦争責任について、十分に議論されていない、と感じている人は57・9%いた。これまで、安倍首相も含めて何人もの首相が、侵略戦争だったかどうかについて明言を避けているが、一般国民の認識とは一致していないようだ。

謝罪については、国内社会の中に反動を生み、歴史和解に貢献しない、という研究もある。それよりも、事実を承認する作業が有効だという。中国が非難するから、韓国が怒るから、という理由で、日本人が戦争を検証すると日本社会内に反発を生みやすい。他国への謝罪を意識すると、他の国でもやっていたとか、日本だけが悪かったわけではない、という議論に陥る傾向がある。しかし、このような議論は言い訳しているようにしか聞こえ

Q　先の大戦については、次のような指摘があります。この中で、あなたの考えに最も近いものを、１つだけあげて下さい。

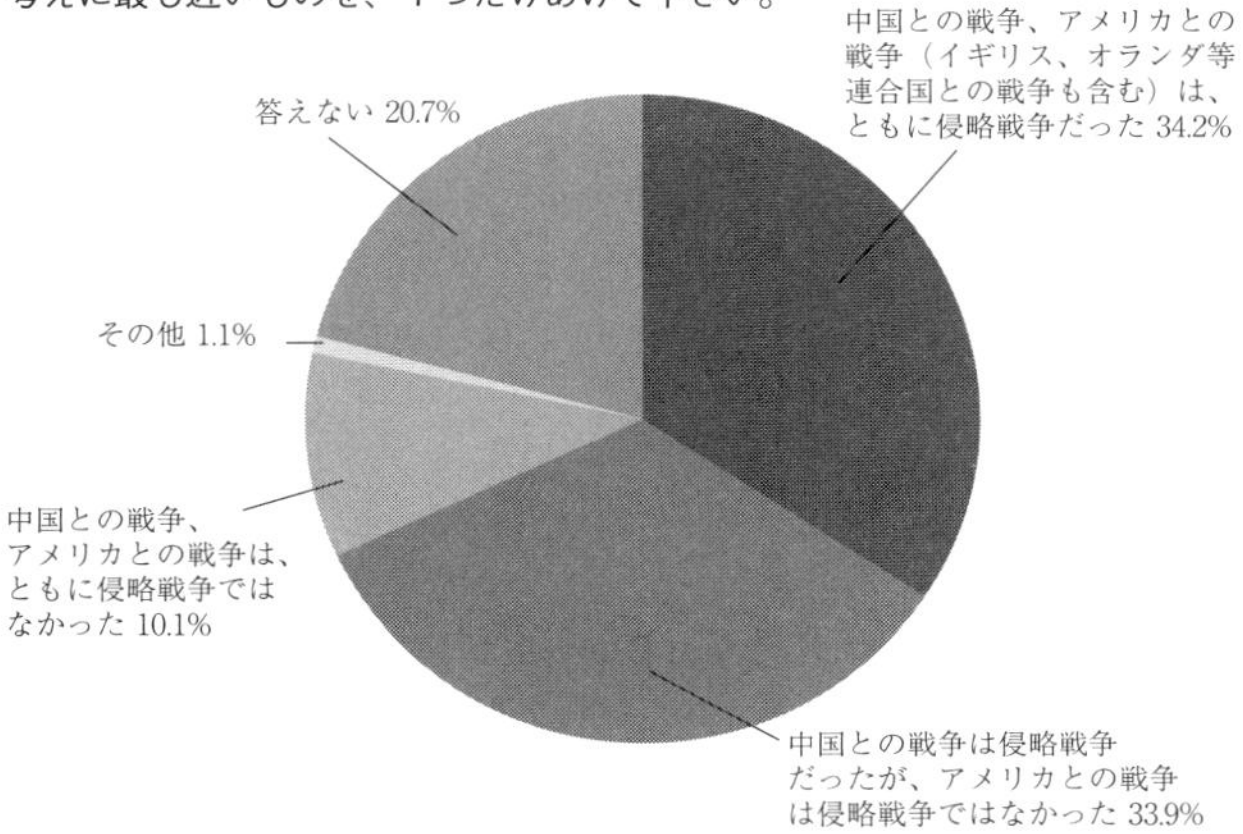

Q：あなたは、先の大戦当時の、日本の政治指導者、軍事指導者の戦争責任問題をめぐっては、戦後、十分に議論されてきたと思いますか、そうは思いませんか。

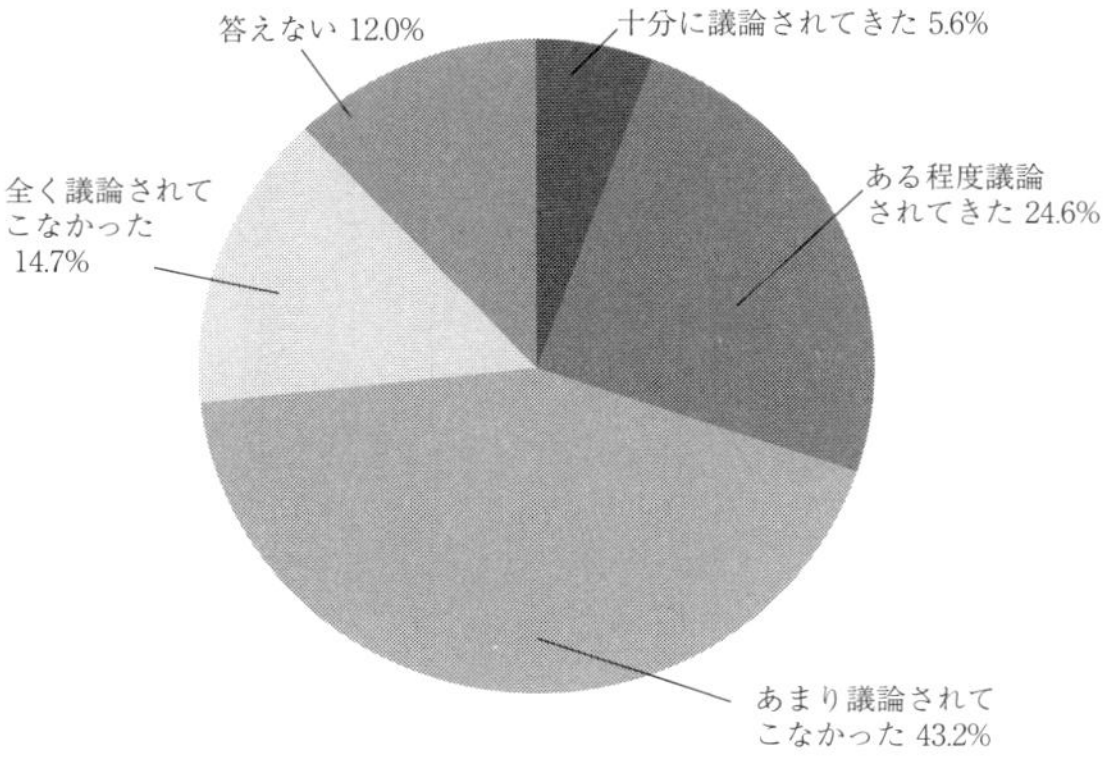

図14　日本人の戦争認識

出典：「読売新聞」（2005年10月27日付朝刊）

ず、日本の国際的な立場をかえって悪くする。それよりも、日本人自身で歴史に向き合うことが必要だ。

検証する際には、当時の日本と現代の日本を別の国だと考えてはどうだろうか。そうすることによって、感情的にならずに分析が進められるのではないかと思う。今日の価値観で過去を見ることも必要なのではないだろうか。当時は、そんな時代だったから仕方がない、とか、戦争だから仕方がない、と現在とは別基準で見るのではなく、今の価値観で判断すればよい。日本人自身が、当時の指導者らの判断や行動を検証することによって、失敗や責任の所在を認めることに抵抗が減るのではないだろうか。

戦争の歴史に対する日本政府の政策は、あまり明確ではない。公式の見解を表す声明としては、1995年の村山富市首相の村山談話や2005年の小泉首相の小泉談話がある。村山談話は、「遠くない過去の1時期、国策を誤り、戦争への道を歩んで国民を存亡の危機に陥れ、植民地支配と侵略によって、多くの国々、とりわけアジア諸国の人々に対して多大の損害と苦痛を与え（た）」としている。小泉談話は「過去を直視して、歴史を正しく認識し」と述べている。しかし、どう認識しているかや、どの国策が誤りだったのか、など詳しい内容はあいまいだ。安倍首相は、2014年5月30日、シンガポールで開かれたアジア安全保障会議（シャングリラ・ダイアローグ）で「アジアの平和と繁栄よ永遠なれ」という演説をした。その中で、「平和を追求する1本の道を、日本は1度としてぶれることなく、何世代にもわたって歩んでき（た）」と述べている。何世代も、というと戦前にまで遡る。これには、会場の多くの参加者が首をひねっていた。その後、7月8日にオーストラリア議会で行った演説では、「戦後を、それ以前の時代に対する痛切な反省とともに始めた日本人は」と修正している。２０１５年元旦の年頭所感でも「先の大戦の深い反省」に言及している。しかし、ここでも具体的に何を反省しているのかは明らかではない。

写真15　シャングリラ・ダイアローグで基調講演する安倍首相（筆者撮影）

日本政府が、つまり日本が国家として、どう戦争の歴史を認識しているのか、また、どのような認識を持っていると世界各国に訴えたいのか、明確な政策は見えない。個人がそれぞれの見解や経験に基づいて発言することは自由だ。しかし、70年経っても政府の政策が不明瞭なのは問題だ。

日本が、新しい1歩を踏み出すのならば、先の戦争の総括が必要だ。どの判断が誤りだったのか、なぜ誤った判断に至ったのか、そしてどの行動が間違っていたのか、を明らかにすることによって、日本は過去の失敗を正すことができる。個人の資質などに落とし込む犯人探しではなく、国家や社会のしくみとして検証する必要がある。戦争を回避できなかった経験と敗戦後70年間もその検証ができていない状況を、正面から見据えなくてはならない。検証の大切な目的は、正しい状況分析がなされる方法や、適切な選択を実行するためには、どのような国家や社会のしくみを確立する必要があるのか、ということに答えを得ることだ。

海外の安全保障専門家らの間では、「尖閣はサラエボなのか?」という問いかけがなされている。サラエボとは、第1次世界大戦の引き金になったサラエボ事件のことだ（本書153ページ参照）。第3次世界大戦が起こるかもしれないというのは、いかにも荒唐無稽に聞こえる。しかし、この本で見てきたように、戦争は思い違いや、後から見ると考えられないような誤認を基に起こっている。私が、心配するのは、日本の中で、戦争に対する畏怖が薄れてきているのではないか、ということだ。

鹿児島県の知覧特攻平和会館には、特攻隊員の遺書が数多く残されている。彼らは、名誉の戦死を遂げる覚悟と幸せについて綴っている。しかし、いくつかの遺書には、死の恐怖を忘れるために、毎晩、仲間と酒を飲んでいる様子が書かれている。若者たちは、選ぶ自由がないままに戦地に赴き、片道だけの燃料で最後の飛行に出掛けて行った。当時の日本人には、戦争を選ぶ権利も責任もなかった。今の私たちには、その権利と責任がある。

決めるのは、私たちだ。

あとがき

　戦後70年の正月を迎えました。それなのに、日本はまだ、戦争の歴史を過去のものにできていません。長く、日本では戦争のことを語ることを避けてきました。にもかかわらず、日本の安全保障政策が大きく転換しようとしています。

　この本を書こうと思ったのは、２０１４年７月１日の閣議決定をきっかけに安全保障に関する議論がさかんになったのに、戦争そのものの議論が不足しているように感じたからです。集団的自衛権やグレーゾーン事態に関する議論を聞いていると、細かい技術的な議論が多い印象です。現在の制度の不備や不都合を正すことに、政策担当者や専門家らが、生真面目に取り組んだ結果、森を見るのを忘れてしまったのではないかと感じます。安倍晋三首相の目的は少し違い、日本を敗戦の呪縛から解くことを目指しているように見えます。そこに長年の懸案を一歩進めようと立場の違う安全保障の実務家らが乗っかった結果が、あの閣議決定だったように思います。立場の違いは、アメリカと肩を並べたいと考えている人から、アメリカにこれ以上ノーと言えないと考えている人や、小国にバカにされたくないという人から、超法規的な行動を取ることも覚悟して任務にあたっている自衛官など、さまざまです。

国際政治では、作用には必ず反作用を伴います。自分の視点からは理にかなったことでも、全体で見るとかえって安全を損なうことはままあります。そのような危険を感じたので、この本を書きました。これをきっかけに議論がさらに深まることを願っています。

1924年生まれの父は、毎年、8月15日になると、「また1年が始まる」と言っていました。父の世代の多くの日本人が、戦後、日本を良くしようとがむしゃらに働いたのは、自分たちの人生が仲間の犠牲の上にあるのだという実感と責任感があったからではないか、と思っています。父の尊敬する先輩は、学問に情熱を持つ優秀な学生でしたが、「読みさした本に栞を挟んで出かけねばなりません。ふたたび、帰って書物の前に座るのは、いつの日のことか考えますと、まことに寂しい次第です」と書き残して、戦死したといいます。

父は、戦争を美化することをロマンチシズムだと切り捨て、世界各地に友人を作ることを説きました。それによって世界が開けると考えたようです。

仕事を通じて何人かの政治家と知り合う機会がありました。父と同じ世代の政治家は、戦争で荒れはてた故里を見て政治を志した人が少なくありませんでした。例えば、竹下登元首相もその1人です。保守であっても、戦争の恐ろしさを知っていた世代の政治家は、安全保障に関してはリベラルな面を多く持ち、集団的自衛権については慎重でした。後藤田正晴・元官房長官らはその例です。安倍首相には、戦争への畏れが感じられません。そこに不安を感じます。

集団的自衛権行使を容認したら徴兵制が始まるのではないか不安だ、と息子がいるというお母さんから質問されました。そんな心配はないと思います。また、安倍首相を始め、日本政府が戦争をしようと思っているとも思いません。ただ、これまでの多くの戦争が、戦争をしようと思って起こったわけではないことを忘れてはならないと思います。私たちが、世界で起きているさまざまなニュースに関心を持ち、日本が取るべき行動を考え、議論することが、大切だと思っています。日本が何を考えているかが外の国からわかりやすくなるだけでも、平和を守る可能性が高くなります。

私が教える学生は、世界各地から来ています。日本は勿論のこと、韓国、中国、台湾、タイ、マレーシア、ミャンマー、オーストラリア、アメリカ、イギリス、フランス、ドイツ、スイス、イタリア、ポルトガル、インド、ロシア、モンゴル、セルビアのほか、バングラデッシュ、ウズベキスタン、アフガニスタン、ケニアからの学生もいます。すべての学生が、どうしたら平和で豊かな世界を作れるかを考えています。日本を留学先に選び、日本語を学ぶ彼らの姿を見るのは嬉しいものです。学生たちの議論を聞いていると、世界は捨てたものじゃない、と思います。彼らが、世界中に散らばって、共通の夢の実現に向かって活躍してくれることを期待しています。

最後になりましたが、出版に当たって相談に乗ってくださった天児慧先生、道下徳成先生にとくに感謝したいと思います。立川京一、庄司潤一郎、篠原初枝、香田洋二、ダリル・プレス各先生は、忙しい中、貴重な時間を割いて、私の質問に答えてくださいました。恩師の緒方貞子、バリー・ポーゼン、スティーブン・ヴァン・エヴェラ、リチャード・サミュエルズ各先生は、戦争と平和について冷静に分析することを教えてくれました。また、筑摩書房の永田士郎さんには叱咤激励され、たいへんお世話になりました。夫と娘2人は、いつものように励まし応援してくれました。改めてここにお礼を言いたいと思います。

この本は、今は亡き両親とその世代の人たち、そして未来を担う娘たちの世代に捧げたいと思います。私たちの世代は、間に立って、前の世代から受け継いだ平和のバトンを次の世代につなげていければよいと思っています。

2015年1月

東京にて　植木（川勝）千可子

主要参考文献

アクセルロッド、R.（1998).『つきあい方の科学——バクテリアから国際関係まで』松田裕之訳、ミネルヴァ書房.
浅田正彦（2001).「日本と自衛権——個別的自衛権を中心に」、国際法学会編『安全保障』三省堂.
安全保障の法的基盤の再構築に関する懇談会（2014).『「安全保障の法的基盤の再構築に関する懇談会」報告書』5月15日.
http://www.kantei.go.jp/jp/singi/anzenhosyou2/dai7/houkcku.pdf
五百旗頭真（2001).『戦争・占領・講和』中央公論新社.
五百旗頭真、伊藤元重、薬師寺克行編（2008).『岡本行夫——現場主義を貫いた外交官』朝日新聞出版.
石破茂（2014).『日本人のための「集団的自衛権」入門』新潮新書.
猪瀬直樹（2002).『日本人はなぜ戦争をしたか——昭和16年夏の敗戦』小学館.
植木（川勝）千可子、本多美樹編著（2012).『北東アジアの「永い平和」——なぜ戦争は回避されたのか』勁草書房.
植木（川勝）千可子（2013).「中国に対するリベラル抑止——日本の対中国政策実現の課題」猪口孝、佐藤洋一郎、G.ジョン・アイケンベリー編『日米安全保障同盟』原書房.
ウォルツ、ケネス（2010).『国際政治の理論』河野勝、岡垣知子訳、勁草書房.
江畑謙介（2008).『日本に足りない軍事力』青春出版社.
王緝思（2012).「“西进”、中国地缘战略的再平衡」（「“西進”、中国地政戦略のリバランス」）『环球时报』.
http://opinion.huanqiu.com/opinion_world/2012-10/3193760.html
加藤朗、長尾雄一郎、吉崎知典、道下徳成（1997).『戦争——その展開と抑制』勁草書房.
霞山会（2008).『日中関係基本資料集1972〜2008年』霞山会.
北岡伸一（1999).『政党から軍部へ』中央公論新社.
北岡伸一（1978).『日本陸軍と大陸政策——1906—1918』東京大学出版会.

香田洋二（2014）.『賛成・反対を言う前の集団的自衛権入門』幻冬舎新書.
コヘイン、ロバート、ジョセフ・S・ナイ・ジュニア（2012）.『パワーと相互依存』滝田賢治監訳、ミネルヴァ書房.
サミュエルズ、リチャード（2009）.『日本防衛の大戦略――富国強兵からゴルディロックス・コンセンサスまで』白石隆訳、日本経済新聞出版社.
シェリング、トーマス（2008）.『紛争の戦略――ゲーム理論のエッセンス』河野勝監訳、勁草書房.
高作正博、道下徳成（2014）.『イラストでわかる集団的自衛権』英和出版社.
タックマン、バーバラ・W（2004）.『八月の砲声　上下』山室まりや訳、ちくま学芸文庫.
田中明彦（1997）.『安全保障――戦後50年の模索』読売新聞社.
ナイ、ジョセフ・S・ジュニア（2013）.『国際紛争：理論と歴史 9 版』田中明彦、村田晃嗣訳、有斐閣.
日本国際政治学会・太平洋戦争原因研究部編著（1987）.『太平洋戦争への道 7　日米開戦』朝日新聞社.
ブッシュ、リチャード・C.（2012）.『日中危機はなぜ起こるのか――アメリカが恐れるシナリオ』森山尚美、西恭之訳、柏書房.
藤原彰（1994）.『日中全面戦争　昭和の歴史　5』小学館.
防衛省（2014）.『日本の防衛――防衛白書』日経印刷.
防衛省防衛研究所編（2011）.『中国安全保障レポート2011』.
ミアシャイマー、ジョン（2007）.『大国政治の悲劇――米中は必ず衝突する！』奥山真司訳、五月書房.
山本吉宣、河野勝（2005）.『アクセス安全保障論』日本経済評論社.
『国家安全保障戦略について』（2013）. 国家安全保障会議決定、閣議決定、12月17日. http://www.cas.go.jp/jp/siryou/131217anzenhoshou/nss-j.pdf
『国の存立を全うし、国民を守るための切れ目のない安全保障法制の整備について』（2014）. 国家安全保障会議決定、閣議決定、7月1日. http://www.cas.go.jp/jp/gaiyou/jimu/pdf/anpohosei.pdf

Blainey, Geoffrey（1988）. *The Causes of War*. Free Press.
Brooks, Stephen G., G. John Ikenberry, and William C. Wohlforth（2013）.

"Lean Forward: In Defense of American Engagement." *Foreign Affairs*. January/February Issue.
Clinton, Hillary (2011). "America's Pacific Century." *Foreign Policy*. http://foreignpolicy.com/2011/10/11/americas-pacific-century/
Copeland, Dale (1996) "Economic Interdependence and War: A Theory of Trade Expectations."*International Security*. Volume 20, Number 4.
Copeland, Dale (2000). *The Origins of Major War*. Cornell University Press.
Doyle, Michael (1986). "Liberalism and World Politics." *American Political Science Review*. Volume 80, Number 4.
Fearon, James D. (1994)."Domestic Political Audiences and the Escalation of International Disputes," *The American Political Science Review*, Volume 88, Issue 3.
Freedman, Lawrence (2008). *Deterrence*. Polity Press.
Gourevitch, Peter (1978). "The Second Image Reversed: The International Sources of Domestic Politics." *International Organization*. Volume 32, Number 4.
Hintze, Otto (1975). "Military Organization and the Organization of the State." *The Historical Essay*. Oxford University Press. (Felix Gilbert, ed.).
Kaufmann, William W. (1956)."The Requirements of Deterrence."*Military Policy and National Security*. Princeton University Press.
Levy, Jack (1987)."Declining Power and the Preventive Motivation for War."*World Politics*. Volume 40, Number 1.
Lind, Jennifer (2010). *Sorry States: Apologies in International Politics*. Cornell University Press.
Miller, Steven E., Sean M. Lynn-Jones and Stephen Van Evera (1991). *Military Strategy and the Origins of the First World War*. Princeton University Press.
Morgan, Patrick (2003). *Deterrence Now*. Cambridge University Press.
Posen, Barry (1986). *Sources of Military Doctrine: France, Britain and Germany Between the World Wars*. Cornell University Press.
Posen, Barry (2013). "Pull Back: The Case for a Less Activist Foreign Policy." *Foreign Affairs*. January/February Issue.

Posen, Barry (2014). *Restraint: A New Foundation for U.S. Grand Strategy*. Cornell University Press.

Press, Daryl G., Scott D. Sagan and Benjamin A. Valentino (2013). "Atomic Aversion: Experimental Evidence on Taboos, Traditions, and the Non-Use of Nuclear Weapons."*American Political Science Review*, Volume 107, Issue 1.

Pressman, Jeremy (2008). *Warring Friends: Alliance Restraint in International Politics*. Cornell University Press.

Schelling, Thomas (1973). *Arms and Influence*. Yale University Press.

Schultz, Kenneth A. (2003). "Do Democratic Institutions Constrain or Inform? Contrasting Two Institutional Perspectives on Democracy and War." *International Organizations*. Volume 53, Issue 2.

Smoke, Richard (1977). *War: Controlling Escalation*. Harvard University Press.

Van Evera, Stephen (1999). *Causes of War: Power and the Roots of Conflict*. Cornell University Press.

Zagare, Frank and D. Marc Kilgour (2000). *Perfect Deterrence*. Cambridge University Press.

ちくま新書
1111

平和《へいわ》のための戦争論《せんそうろん》
——集団的自衛権《しゅうだんてきじえいけん》は何《なに》をもたらすのか？

二〇一五年二月一〇日 第一刷発行

著　者　植木千可子（うえき・ちかこ）

発行者　熊沢敏之
発行所　株式会社 筑摩書房
東京都台東区蔵前二-五-三　郵便番号一一一-八七五五
振替〇〇一六〇-八-四一二三
装幀者　間村俊一
印刷・製本　三松堂印刷 株式会社

乱丁・落丁本の場合は、左記宛にご送付下さい。
送料小社負担でお取り替えいたします。
ご注文・お問い合わせも左記へお願いいたします。
〒三三一-八五〇七　さいたま市北区櫛引町二-六〇四
筑摩書房サービスセンター　電話〇四八-六五一-〇〇五三

ISBN978-4-480-06814-9 C0231